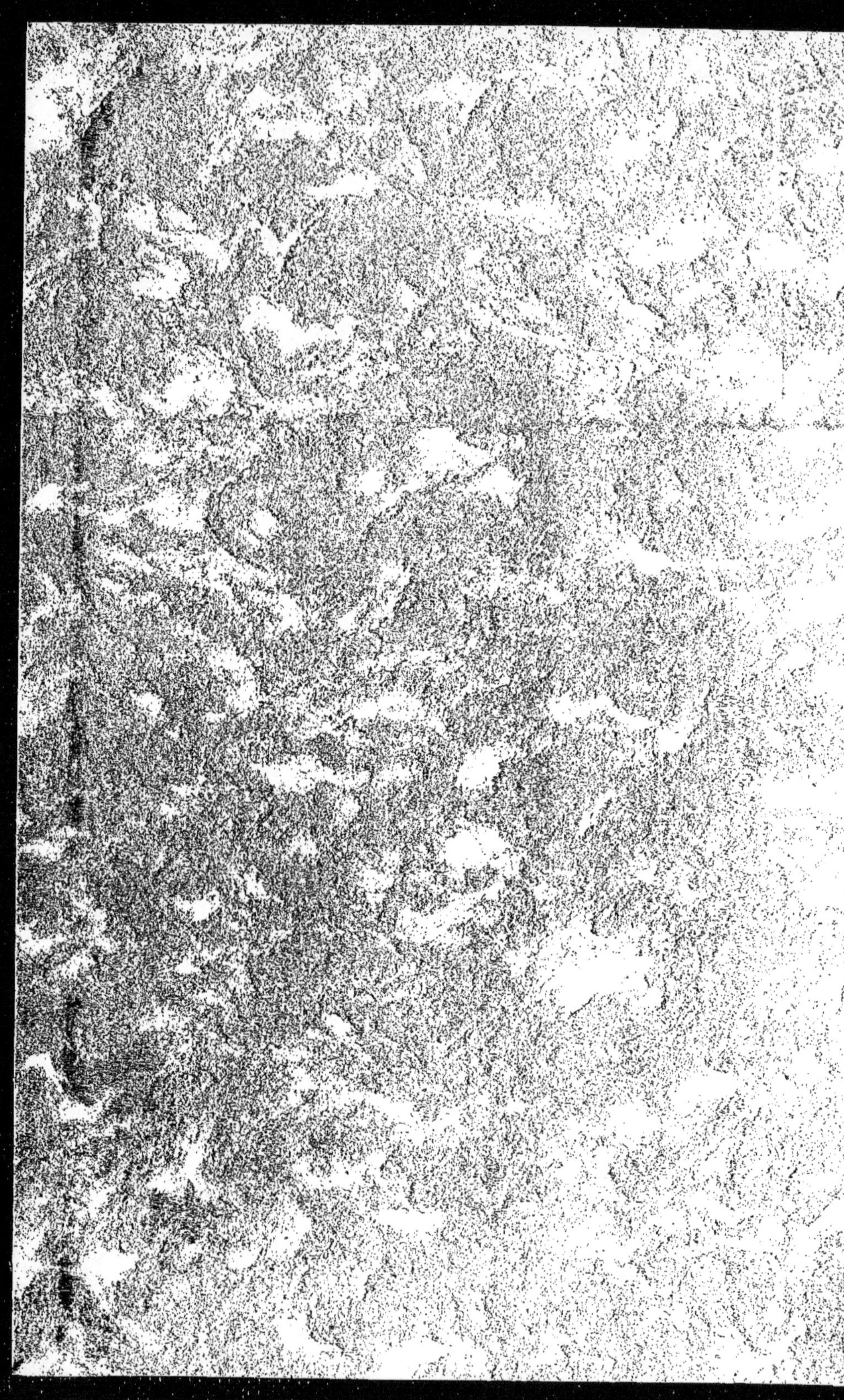

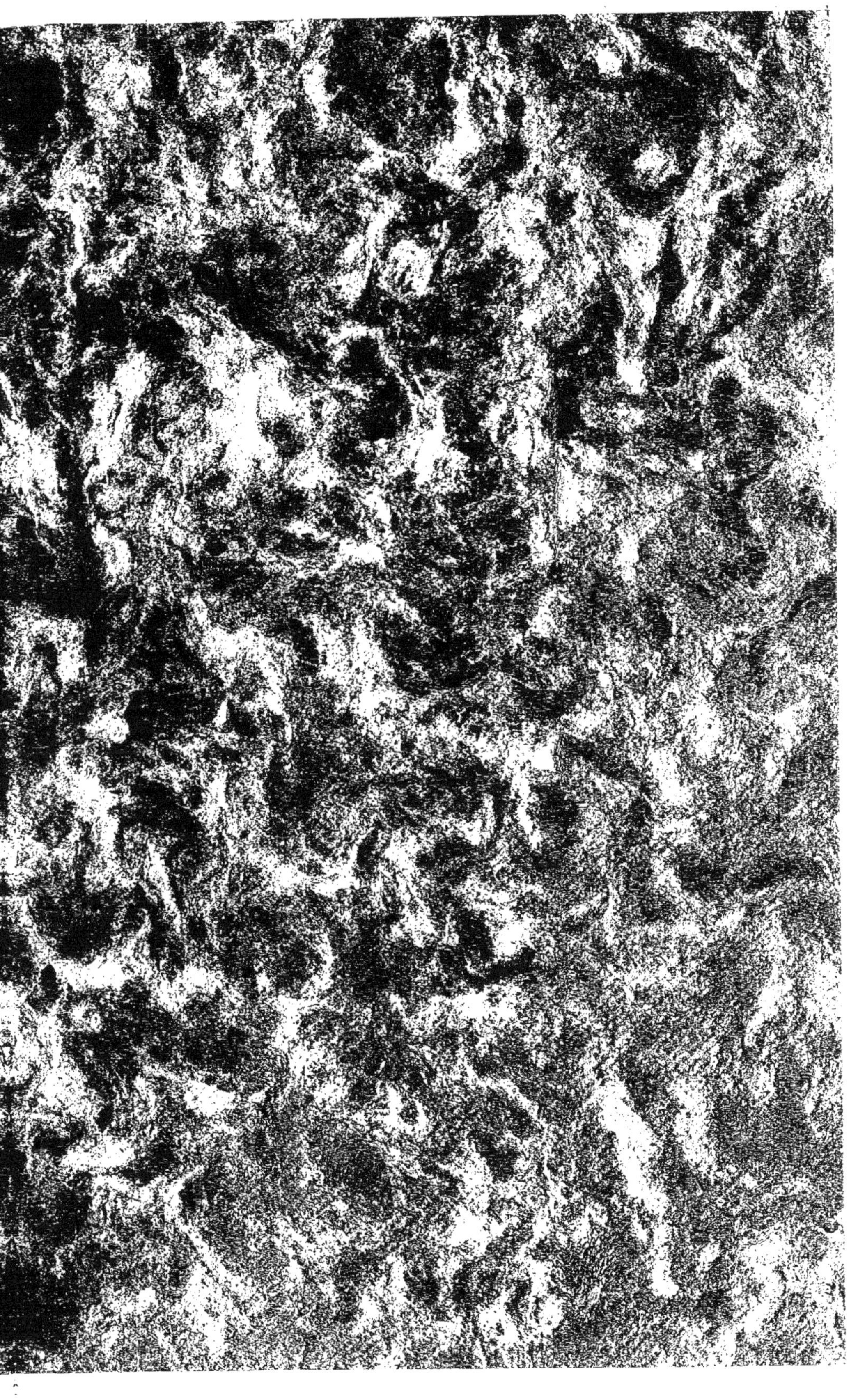

NOTICE

SUR LE

DOMAINE

D'HAVRINCOURT

PAR

M. LE MARQUIS D'HAVRINCOURT

PARIS
LIBRAIRIE AGRICOLE DE LA MAISON RUSTIQUE
26, RUE JACOB, 26

1868

NOTICE

SUR LE

DOMAINE D'HAVRINCOURT

ORLÉANS, IMPRIMERIE DE GEORGES JACOB, CLOITRE SAINT-ÉTIENNE, 4.

NOTICE

SUR LE

DOMAINE D'HAVRINCOURT

PAR

M. LE MARQUIS D'HAVRINCOURT

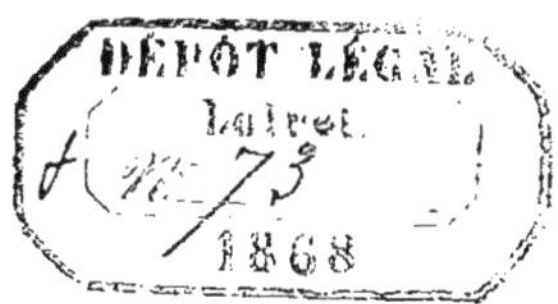

PARIS
LIBRAIRIE AGRICOLE DE LA MAISON RUSTIQUE
26, RUE JACOB, 26

1868

DOMAINE

D'HAVRINCOURT[1].

RENSEIGNEMENTS GÉNÉRAUX.

Configuration du sol.

Le territoire d'Havrincourt se compose de 740 hectares de bois et de 859 hectares de terres labourables.

Le territoire labourable est formé de deux parties bien distinctes :

1° D'une plaine au nord, à l'est et à l'ouest de la commune, qui est assez unie, facile à cultiver, et dont les terres assez semblables ne varient guère qu'entre la première et la deuxième classe ;

2° De deux versants inclinés, l'un au midi, l'autre au nord, et séparés par un ravin qui forme le fond d'une vallée de douze à quinze kilomètres de longueur, dont il reçoit les eaux pluviales qu'il déverse à l'Escault. Ces deux

(1) Commune d'Havrincourt, canton de Bertincourt, arrondissement d'Arras, département du Pas-de-Calais.

versants diffèrent extrêmement entre eux et du reste du territoire.

Constitution de la couche arable.

La plaine au nord, à l'est, et à l'ouest de la commune, est formée d'une argile légère à sous-sol argileux ou argilo-calcaire : la couche labourée, qui a 20 à 25 centimètres d'épaisseur, forme un bon sol quand elle est convenablement fumée; cependant, elle supporte mal les sécheresses.

Les deux versants inclinés au sud et au nord sont d'une tout autre nature.

Le versant incliné vers le sud est très-calcaire : la couche arable varie de 12 à 20 centimètres d'épaisseur et repose sur un calcaire pur et brûlant; de son exposition comme de la nature de son sol, il résulte que ce versant est semé et récolté bien plus tôt que le reste du territoire.

Le versant en face, qui est incliné vers le nord, est formé d'une argile compacte et repose sur une argile serrée, ou sur un pouding d'argile et de cailloux énormes, impénétrable aux charrues ordinaires. Les plaines du Soreux et du Quesnoy, qui en forment une partie, sont terminées au sud et presque entourées à l'est et à l'ouest par les bois qui leur donnent de l'ombre et y maintiennent l'humidité en arrêtant les vents. De toutes ces causes, il résulte que ce versant est semé et récolté plus tard que le reste du territoire, et qu'entre les deux versants qui se regardent et se touchent, il y a quinze jours au moins de différence pour les semailles et pour les récoltes.

Climat.

Le climat est tempéré comme dans tout le nord de la

France : malheureusement, il y a presque toujours des pluies au moment des foins ; du reste, il faudrait aux terres d'Havrincourt de la pluie tous les quinze jours.

Nature des eaux.

Havrincourt est situé sur ce plateau élevé qui sépare les eaux de la Somme, de l'Escaut et de la Scarpe. Les bestiaux n'ont pour s'abreuver que les mares remplies par les eaux de pluie. Les habitants ont des puits de 60 mètres de profondeur, dont l'eau, provenant des infiltrations, est extrêmement calcaire.

Le forage de ma sucrerie, poussé à 150 mètres, a atteint des couches ou des courants dont l'eau est intarissable et est remontée à 37 mètres du sol. Je l'élève, au moyen de la principale machine de ma sucrerie, dans des réservoirs placés sur les toits, d'où, par un système bien étudié, de tuyaux en plomb dans l'usine, et de tuyaux en terre au dehors, je la distribue à ma sucrerie d'abord, d'où elle se répand en irrigations, puis dans une vaste citerne pour ma maison, dans la mare de ma basse-cour, dans la citerne d'alimentation de ma machine à battre, et dans un réservoir servant aux lessives et aux arrosages du potager (*voir le plan*). Pendant la fabrication, la sucrerie peut donner, avec ses excédants, les eaux nécessaires au ménage et à la culture. Quand on manque d'eau pendant le chômage de la sucrerie, la culture et le ménage lui paient le charbon nécessaire pour faire marcher les pompes.

Cette source artificielle est un trésor, non seulement pour moi, mais pour ma commune, et même pour mes environs. Souvent, les mares et les puits tarissent l'été :

alors je donne de l'eau aux habitants d'Havrincourt en remplissant une mare que j'ai établie près de ma sucrerie. En 1858 et 1859, tous mes environs étaient obligés d'aller chercher, dans des tonneaux, de l'eau à l'Escault, à douze et quinze kilomètres. Les communes voisines sont venues me supplier de leur donner de l'eau moyennant une rétribution qui couvrirait la dépense du charbon nécessaire pour faire marcher les pompes. J'ai consenti à une indemnité qui a couvert à peu près la moitié des dépenses, et j'ai abreuvé au moins six mille habitants.

Débouchés. Cambrai est le marché des produits et des approvisionnements. Havrincourt en est à quatorze kilomètres, par un chemin de grande communication, puis par une route impériale.

Le chemin de fer du Nord passe à Cambrai, et malheureusement à un kilomètre au-dessus de la ville. Le canal de Saint-Quentin passe aussi à Cambrai; le point le plus rapproché d'Havrincourt est Marcoing, commune importante, à dix kilomètres, dont une partie par des chemins de terre, qui deviennent impraticables par des pluies ou dans l'hiver, et alors on a autant d'avantage à aller à Cambrai. Trois chemins de grande communication rayonnent à Havrincourt : l'un mène à Cambrai, puis à Douai; le second vers l'Aisne et Saint-Quentin; le troisième conduit à Arras, chef-lieu de préfecture.

Les céréales et les graines oléagineuses se vendent à Cambrai sur échantillon et à l'hectolitre. Jusqu'ici, on a repoussé dans le Nord l'excellent mode de la vente au poids.

Les marchés aux moutons sont presque nuls à Cambrai ; mais à Arras ils sont importants ; ils y ont lieu le deuxième samedi de chaque mois. Mais la plupart du temps l'éloignement de ces marchés (trente-deux kilomètres) nous décide à acheter et à vendre nos moutons à des commissionnaires habitués, dont nous sommes généralement contents, et nos bêtes à cornes à des bouchers qui viennent nous acheter nos animaux dans nos étables.

L'usage de la viande s'est tellement répandu dans nos campagnes, qu'il n'y a pas de commune un peu importante qui n'ait une ou deux boucheries auxquelles nous vendons fort bien nos bestiaux.

Main-d'œuvre.

La main-d'œuvre agricole est plus ou moins rare et chère, suivant que l'industrie du tissage est plus ou moins prospère ; elle est surtout rare pour la plupart des cultivateurs qui n'emploient leurs ouvriers que quelques mois de l'année, car l'industrie du tissage à laquelle ces derniers se livrent dans leurs propres maisons leur procure des salaires élevés, et tous les jours nous voyons les meilleurs ouvriers et ouvrières nous refuser de travailler dès qu'il fait froid, pour tisser bien chaudement dans leurs maisons. Cependant, depuis que j'ai joint une sucrerie à ma culture, je conserve plus facilement mes ouvriers, parce que je leur donne du travail hiver et été ; il y a même chaque année des ouvriers qui, venus des communes voisines pour travailler l'hiver à la sucrerie, se marient et se fixent à Havrincourt. Les femmes nous sont d'un grand secours ; elles travaillent fort bien, font les sarclages mieux que les hommes, fanent les foins, lient les gerbes, etc.

Je n'en veux pas dans l'intérieur de ma sucrerie; mais, les occupant l'été aux sarclages et à la moisson, et l'automne et l'hiver à arracher mes betteraves et à décharger celles que j'achète, j'ai arrêté pour beaucoup la tendance qu'elles ont à abandonner les travaux des champs pour ceux de la broderie. Ces considérations m'ont paru si importantes, que je ne me suis pas hâté d'introduire les machines qui remplacent les bras, sauf la machine à battre. Malheureusement, les ouvriers de notre localité sont très-peu consciencieux, et j'ai été forcé de renoncer à presque tous les travaux à la tâche. Je fais faire mes sarclages et une partie de ma moisson à la journée par des femmes, sous des surveillants, et je n'ai conservé à la tâche que les travaux qu'il est difficile à l'ouvrier de mal faire, comme l'arrachage des betteraves, le fauchage des récoltes.

Une amélioration dont je me loue extrêmement, c'est la substitution du paiement du travail *à la journée* par le paiement *à l'heure*.

Je paie l'heure du travail *effectif*, déduction faite des repos et des repas. Tous les mois environ, on fixe le commencement et la fin du travail, la durée et le nombre des repos et des repas, qui se règlent strictement par l'horloge, et alors on n'a plus qu'à compter le nombre d'heures de travail données par l'ouvrier, le prix de l'heure ne variant jamais.

J'ai trouvé à cette organisation les avantages suivants :

1° Je paie avec une exactitude parfaite le travail qui m'est donné, tandis que les prix des journées, qui en général ne changent que pour l'hiver et pour l'été, ne représentent dans les saisons intermédiaires que des approximations souvent fort éloignées de l'exactitude.

2° J'ai élevé par ce mode le prix des journées d'été, saison où les ouvriers sont à la fois plus nécessaires et plus rares, et baissé celui des journées d'hiver ; alors les ouvriers, qui sont très-fumeurs, m'ont demandé les premiers de supprimer, en hiver, des fumers, afin de rendre leurs heures de travail effectif plus considérables ; j'ai ainsi amélioré leur sort, tout en obtenant de mon côté plus d'ouvrage.

3° Si, dans un cas de presse, j'ai besoin de devancer ou de prolonger la durée ordinaire du travail, je ne m'en gêne pas, et l'ouvrier ne s'en plaint pas, puisque je lui paie exactement ces prolongations.

Il n'y a d'autre inconvénient que quelques chiffres de plus dans la comptabilité, et on s'y habitue bien vite.

Les prix du pays sont les suivants :

		JOURNÉE.	
		Été.	Hiver.
Manouvriers	hommes........	1f 50	1f 25
	femmes........	1 25	1 »
Faucheurs..................		3 »	» »
Maçons......................		2 75	1 75
Charpentiers................		2 75	1 75

Valets de charrue (année) : 100 fr. et 8 hect. 90 lit. de blé ; 15 centimes de droit par hectolitre de charbon ; blé des nattes pendant la moisson.

Je paie en toute saison :

	Prix de l'heure.
Manouvriers ordinaires............	» 13 c.
Ouvriers de choix....................	» 14

	Prix de l'heure.
Moissonneurs	» 14 c.
Surveillants	» 15
Femmes ordinaires	» 11
Moissonneuses	» 12
Enfants, de	6 à 10
Maçons	» 19
Charpentiers (la plupart du temps ils sont à leur tâche)	» 19

Valets de charrue et *bouviers* (année) : 180 fr.; 8 hect. de blé, une paire de souliers, nourris, logés, mais pas d'autres droits.

Garçon de cour : 200 fr.; 8 hect. de blé, deux tabliers, une paire de souliers, une blouse, nourri, logé.

Vacher : 160 fr. fixe; 400 fr. pour sa nourriture chez lui; 8 hect. de blé; deux tabliers. Droits : 1 1/2 p. % sur le prix net de tous les animaux vendus ou la valeur de ceux tués pour la maison; 3 p. % sur la valeur du beurre fabriqué et du prix des saillies.

Deux bergers d'élève : 200 fr.; 8 hect. de blé; 2 % du prix net des laines, du prix de vente ou de location des béliers, et du prix net de tous les animaux vendus; 1 fr. par 100 kilog. des animaux tués pour la maison; nourris, logés.

C'est dans le caractère de mes ouvriers que j'éprouve les plus grandes difficultés; aussi je cherche, toutes les fois que je le puis sans danger, à les intéresser à mes propres bénéfices. Ainsi, comme je viens de le faire voir dans l'exposé de leurs gages, je donne aux vachers et bergers une part proportionnelle dans mes ventes, tandis que dans le pays, ils reçoivent une somme invariable par tête de bétail vendu, quelle que soit sa valeur. Pendant quelque temps je n'avais donné aux vachers des droits que sur les ventes d'animaux gras; je voyais toujours mes vaches tarir de bonne heure, et les vachers les proposaient bientôt pour l'engraissement comme mauvaises laitières. *C'est que j'avais omis de leur donner des droits sur le lait et sur le beurre;* depuis que j'ai étendu leurs droits sur tous les produits de la vacherie, l'équilibre est rétabli.

Ce trait est caractéristique.

Tel est malheureusement le caractère de l'ouvrier du Nord : il n'est pas méchant ni même voleur; mais il ne s'attache ni à son travail, ni à son devoir. Il sacrifiera sans hésiter cent francs à son maître pour se procurer un bénéfice de un franc ; et en dehors de son travail strictement nécessaire pour être payé, il ne se baisserait pas pour le plus petit travail supplémentaire. Il est ennemi de tout ordre, de tout rangement, de toute comptabilité, de toute innovation, et il n'y a sorte de malice qu'il n'emploie avec une persévérance incroyable, pour démontrer l'inutilité et les inconvénients de tout instrument ou de tout procédé nouveau. C'est dans ce caractère que le cultivateur qui veut améliorer sa culture et avoir une comptabilité régulière rencontre le plus de difficultés, car il a chaque jour bien plus à lutter contre ses employés que contre le sol et les intempéries.

Il en est tout autrement des usines, et particulièrement des sucreries. Là, le travail est conduit par des machines; il faut que l'ouvrier les suive, et, sauf quatre ou cinq employés spéciaux dont l'ouvrage est séparé et facilement appréciable, les ouvriers ne peuvent pas faire mal leur travail. De plus, tous mes ouvriers sont mes associés, car ils sont payés suivant le travail effectué, chaque ouvrier, depuis l'enfant qui secoue la pulpe, jusqu'au chauffeur, recevant un salaire, différent suivant les grades, mais toujours fixé *pour chaque chaudière de jus fabriqué.*

Les commencements ont été pénibles. Pour leur apprendre leur travail, il a fallu d'abord les payer à la journée; au bout d'un mois ils ne faisaient encore que douze et treize chaudières par douze heures, malgré la prime que je donnais par chaudière de plus : ils m'ont ainsi bien mis en retard et fait perdre bien de l'argent. Quand les porteurs de betteraves voulaient se reposer, ils jetaient dans le lavoir, avec leurs betteraves, une pierre qui venait broyer la râpe et forcer à arrêter au plus vite. Depuis qu'ils sont payés à la chaudière, ils font vingt, vingt et une et vingt-deux chaudières en douze heures, et comme ils ne sont pas payés lorsqu'il y a des temps d'arrêt, ils s'entendent tous pour les prévenir.

Mes ouvriers de la sucrerie reçoivent les prix suivants par chaudière :

OUVRIERS.	PRIX par CHAUDIÈRE.	PRIX MOYEN correspondant pour douze heures	OUVRIERS.	PRIX par CHAUDIÈRE.	PRIX MOYEN correspondant pour douze heures
	fr. c.	fr. c.		fr. c.	fr. c.
Enfants. Couleurs aux filtres..	» 05	1 »	Déclincheurs..........	» 08	1 60
Enfants. Avance-sacs........	» 05	1 »	Emplisseurs de mannes.	» 10	2 »
Enfants. Avance-tôle........	» 055	1 10	Râpeurs..............	» 10	2 »
Enfants. Dépresseurs........	» 065	1 20	Aides-déféqueurs......	» 11	2 20
Enfants. Secoueurs de sacs...	» 07	1 40	Filtreurs.............	» 115	2 30
Enfants. Monte-jus..........	» 065	1 20	Évaporeurs...........	» 115	2 30
Enfants. Aides-satureurs.....	» 07	1 40	Porteurs de betteraves..	» 13	2 60
Hommes d'empli........	» 115	2 30	Presseurs............	» 13	2 60
Gaziers................	» 115	2 30	Déféqueurs...........	» 135	2 70
Satureurs..............	» 12	2 40	Cuiseurs.............	» 14	2 80
Presseurs d'écumes.....	» 12	2 40	Rouleurs de sacs......	» 14	2 80
Machiniste.............	» 12	2 40	Tendeurs de sacs......	» 14	2 80
Brouetteur de charbon...	» 12	2 40	Chauffeurs...........	» 14	2 80

Surveillant de cour : 700 fr. par an.

Premier surveillant d'usine : 1,200 fr. par an, chauffé, éclairé, logé.

Deuxième surveillant d'usine : 1,000 fr. par an, chauffé, éclairé, logé.

Contre-maître : 1,600 fr., et 2 °/o sur les bénéfices nets, logé, chauffé, éclairé.

J'ai été surpris et enchanté de l'activité, de la discipline, des idées d'ordre que la vie de l'usine a données à mes ouvriers ; cette surveillance facile, cette régularité forcée et immuable des machines, cette association avec le maître, ont singulièrement amélioré leur caractère, et dans l'été, en dehors de l'usine, je retrouve encore le bénéfice de ces progrès.

Pour m'attacher mes ouvriers, je leur délivre un livret

de caisse d'épargne lorsqu'ils ont dix années de services consécutifs chez moi.

Je leur ai donné une petite fête à l'occasion de la première distribution qui a été faite à quarante-six d'entre eux qui réunissaient ces conditions dans ma ferme et ma sucrerie, le 13 janvier 1867, époque de la dixième année d'existence de ma sucrerie. La valeur de ces primes, en livrets, s'est élevée à 1,425 fr. pour cette fois.

Productions du pays.

Les principales productions du pays sont les céréales, les graines oléagineuses et les betteraves.

On a beaucoup abusé de la culture des graines oléagineuses, et surtout de l'œillette, de sorte que les rendements ont fort diminué. La sécheresse du sol et l'absence de tout cours d'eau excluent toute prairie naturelle, et par suite aucun champ n'est enclos. On cultive largement les trèfles, les luzernes, les féveroles, les hivernages et les vesces.

L'usage de la vaine pâture est en pleine vigueur ; mais elle est restreinte aux produits spontanés du sol, et jamais aux prairies artificielles. Le morcellement du sol et l'absence de clôture font de cet usage une nécessité. Elle est, du reste, parfaitement réglementée à Havrincourt, et le règlement que j'y ai établi a été proposé pour modèle à tout le Pas-de-Calais par M. le Préfet dans ses circulaires. Les troupeaux sont cantonnés, sauf le cas de parcage ; ainsi réglementée, la vaine pâture est à la fois, pour nous, une nécessité et un bienfait.

Les fumures sont généralement incomplètes ; le bétail n'est élevé que dans la plus faible proportion possible, pour utiliser les pailles, et il est mal nourri. On a la vache picarde, petite, maigre, osseuse, donnant un lait peu abondant, mais butireux, et d'un engraissement long et difficile.

Le mouton est élevé à la vaine pâture; on le vend généralement après les parcages. On élève peu; on n'engraisse jamais de bêtes à cornes et peu de moutons.

C'est un système tout opposé que j'ai suivi; et je dois reconnaître que, depuis quelques années, il a réagi notablement sur les principaux cultivateurs d'Havrincourt.

RENSEIGNEMENTS SPÉCIAUX.

Le domaine d'Havrincourt est composé : de 740 hectares de bois; de 248 hectares de terres louées; d'une sucrerie, et enfin d'un faire-valoir composé de 140 hectares 80 ares 92 centiares de terres labourables et de 10 hectares de prairies faisant partie du parc. Le plan ci-joint indique les divisions de ce domaine.

DES BOIS.

Ancienne organisation. Lorsqu'en 1834, après avoir quitté l'artillerie, j'ai pris la carrière agricole, voici quelle était la situation des bois d'Havrincourt :

Ventes. 1° Les ventes se faisaient aux enchères, sans estimation préalable ni mise à prix par le propriétaire, d'où il résultait que ces ventes étaient une véritable loterie : par moments, les enchérisseurs étaient nombreux, et alors les portions étaient vendues hors de prix ; dans d'autres moments, la vente se refroidissait, les marchands fins et adroits s'entendaient, et le bois ne se vendait pas la moitié de sa valeur. Ces inégalités tournaient au détriment des propriétaires du pays qui viennent directement s'approvisionner dans mes bois, et qui forment le plus grand nombre de mes acheteurs les plus ronds en affaires et les plus sûrs. Le bois paraissait hors de prix, quand la moyenne était peu élevée. Enfin le propriétaire ne pouvait se rendre compte de la valeur réelle de son bois, et par conséquent du succès ou de l'insuccès de sa vente.

Coupes. 2° Chaque coupe se divisait en trois ventes partielles. Le taillis se vendait en octobre ; la futaie, c'est-à-dire les chênes, en avril, après l'abattage du taillis ; et enfin les baliveaux, c'est-à-dire les charmes, trembles, bouleaux, etc., au mois d'octobre suivant, après l'abattage de la futaie. Il en résultait que l'enlèvement du bois durait dix-huit mois au moins, pendant lesquels les jeunes pousses des taillis étaient broyées par les voitures, mangées par les chevaux; puis enfin elles repoussaient en touffes rabougries et trop fournies.

Élagage.

3° L'élagage des arbres se faisait à l'ancienne méthode française, c'est-à-dire qu'on coupait toutes les branches jusqu'à une grande hauteur, de manière à ne laisser qu'une sorte de tête de pommier; les élagueurs recevaient pour leur salaire les deux tiers du bois coupé. Cette méthode déplorable d'élagage, répandue dans une grande partie de la France, détruisait l'équilibre nécessaire entre les racines par lesquelles l'arbre se nourrit, et les branches par lesquelles il respire; le tronc se recouvrait d'une quantité de petites branches qui nuisaient à la qualité du bois, et enfin cette disproportion entre les branches et les racines fatiguait, usait l'arbre qui était mûr de bonne heure, et que l'on trouvait souvent creux par le bas.

Gages des gardes et agents.

4° Les gages *en argent* des gardes étaient peu élevés, mais ils avaient des droits considérables *en bois* : ces droits consistaient dans les branches des têtards qui bordaient les routes et séparaient les coupes; dans les branches des layons formés par l'arpenteur pour indiquer les portions, etc.; enfin les gardes n'étaient pas logés, ce qui forçait à les prendre tous dans le pays. Il en résultait que les gardes multipliaient outre mesure les têtards le long des routes et des coupes; que tandis qu'il suffisait de quelques bâtons coupés de distance en distance pour marquer les portions, ils faisaient faire des tranchées continues de 1 et 2 mètres de large. Ils devenaient marchands de bois, donnaient à ce commerce le temps qu'ils devaient à la surveillance, et pouvaient être tentés, pour avoir de meilleures conditions de leurs acheteurs, de fermer les yeux sur les abus que ces derniers commettaient dans leurs propres portions, c'est-à-dire qu'ils se trouvaient sans cesse placés entre leur devoir et leur intérêt, et souvent le devoir succombait. Enfin, étant tous du pays, ils ne pouvaient avoir l'indépendance nécessaire à un garde, et ils étaient fort difficiles à remplacer.

Droits accessoires au prix des ventes.

5° Au prix principal d'adjudication s'ajoutaient des droits accessoires considérables; puis on faisait une remise de dix pour cent à ceux qui payaient comptant. Or, les droits qui s'ajoutent au prix de vente inquiètent l'acheteur, qui ne peut immédiatement se rendre compte en enchérissant, et ils tournent en définitive au détriment de la vente. La remise de dix pour cent pour le paiement comptant était un avantage énorme pour les capitalistes, contre lesquels ne pouvaient lutter les petits marchands, qui avaient besoin d'une partie de leurs rentrées pour payer leurs acquisitions. On diminuait donc par là le nombre et la concurrence des marchands, conditions précieuses de la vente élevée de mes bois.

Cahier des charges.

6° Enfin, aucune indemnité ni amende n'était stipulée dans le cahier des charges pour la non exécution de ses conditions, ni pour le non paiement aux époques fixées ; il en résultait que le cahier des charges était une lettre morte.

L'enlèvement n'était jamais terminé aux époques prescrites, ce qui causait un tort incalculable au taillis.

Les marchands payaient à peu près comme cela leur convenait; ils se mettaient en retard; le désordre arrivait, et chaque année il fallait employer l'huissier, qui n'évitait pas des pertes annuelles assez importantes.

En un mot, l'administration des bois d'Havrincourt était en tous points déplorable; et s'il y avait bien en cela de la faute des administrateurs, qui auraient pu tirer meilleur parti des conditions existantes ou en provoquer le changement, il faut dire que les bases mauvaises et mal raisonnées de cette administration se retrouvaient et se retrouvent encore aujourd'hui dans tous les bois du pays. Il en résultait des difficultés énormes pour les changer radicalement, car il fallait heurter et briser des habitudes profondément enracinées, non seulement chez tous mes acquéreurs, mais chez tous mes employés. J'ai trouvé en effet contre moi tous mes agents, régisseur, gardes, ouvriers, qui faisaient cause commune avec les marchands de bois, pour faire échouer mes nouvelles mesures, et j'ai été forcé de renouveler presque tout mon personnel.

Pour donner une idée des difficultés que j'ai rencontrées, je citerai ce seul fait :

Lorsque j'ai exigé, comme cela se fait dans toutes les forêts de l'État, que les chevaux fussent muselés dans les bois, les marchands ont prétendu que les chevaux du pays ne voudraient plus tirer, et à la première vente, il ne s'est pas présenté un seul acquéreur. Ce n'est que lorsque je me suis retiré avec le notaire, déclarant mon intention formelle d'exploiter moi-même toute ma coupe, que les marchands ont cédé.

Nouvelle organisation.

—

Estimations préalables.

Voici les améliorations que j'ai introduites :

1° J'ai organisé et fait moi-même des estimations régulières et complètes du taillis et de la futaie.

Pour les estimations de taillis, qui sont les plus difficiles, j'ai imaginé une méthode par laquelle j'arrive à avoir séparément l'estimation de parties que je réduis en général jusqu'à l'are ou à peu près; ces estimations sont faites par les gardes, en points qu'enregistre sur place le régisseur, et qu'il ne traduit en chiffres qu'au bureau, et par un calcul fort simple; de sorte que les gardes connaissent bien la qualité du bois, mais ignorent eux-mêmes le chiffre des estimations, qui, étant pour nous un minimum, ne doit pas être connu des marchands. Pour vérifier lui-même ces estimations, le propriétaire a un moyen bien simple : il prend au hasard quelques portions et les fait estimer de nouveau par les mêmes employés, mais dans le sens opposé à la première opération. C'est la preuve de l'addition faite d'abord de haut en bas, par une deuxième opération de bas en haut. Cette méthode, qu'il suffit de quelques instants pour comprendre, est une des plus précieuses parties de mon organisation des bois.

Pour la futaie, j'emploie le solivage ordinaire avec le barême, une équerre, et une perche faisant sur la tête d'un garde une hauteur déterminée. Un service régulièrement et militairement établi, fait, de cette estimation, arbre par arbre, et de leur classement en portions toutes numérotées au marteau, une opération prompte et facile. Enfin, nous mettons nous-mêmes à prix, un peu au-dessous de notre estimation ; et cette mise à prix, dans laquelle les marchands ont confiance, parce qu'ils savent la régularité de nos estimations, et au-dessous de laquelle on n'adjuge jamais, est un minimum qui sert de régulateur aux acheteurs peu habiles à estimer les bois, et au-dessus duquel se font les enchères plus ou moins élevées, suivant les besoins et l'aisance générale.

Réduction des coupes et enlèvement du bois.

2° J'ai réduit les ventes et les coupes à deux : taillis et futaie. Le taillis se vend en automne ; il a quinze ans, et j'y joins les petits baliveaux, charmes, bouleaux, trembles, chêneaux, qui étant mal venants ou mal placés, doivent être abattus et ne sont bons qu'à faire du bois de chauffage, et qui sont tous estimés separément. La vente se fait sur soumissions cachetées, déposées un même jour en présence des marchands réunis. J'ouvre les soumissions; j'enregistre les offres, sans nommer leurs auteurs, sur un cahier où chaque portion a sa feuille, en tête de laquelle se trouve l'estimation secrète; puis, après le dépouillement, j'adjuge à l'offre la plus élevée si elle me paraît suffisante, ou bien je remets à un autre jour la vente des portions pour lesquelles on ne m'a pas assez offert.

La vente de futaie se fait au mois d'avril, après l'abattage du taillis qui doit être rigoureusement rangé en gros ramiers pour le 1er avril. La vente se fait par devant notaire et sur place. Comme c'est tout le pays qui vient acheter, les portions sont composées de un à huit ou dix arbres de même nature, suivant leur importance. Ces portions, numérotées aux estimations, sont indiquées au moment même de la vente par de petits drapeaux fichés dans chaque arbre. Il y en a de bleus, de blancs et de rouges, et une même couleur indique chaque portion.

Parmi nos marchands, il n'y en a pas un seul ayant des chevaux spécialement destinés à l'enlèvement des bois. Ce sont les chevaux des cultivateurs de toutes les communes environnantes qui, suivant des tarifs réguliers, font tout l'enlèvement. Profitant de cette précieuse circonstance, qui met un nombre énorme d'attelages à la disposition des marchands *pendant l'été,* tandis qu'ils n'en trouveraient ni *dans la moisson,* ni *pendant l'hiver,* époques où les chevaux des cultivateurs sont occupés aux champs, *j'ai exigé que l'enlèvement entier des bois, taillis et futaie, fût terminé le 1er août de l'année d'exploitation.* Le 1er août, les gardes apportent au bureau le compte de tout ce qui n'est pas enlevé, puis immédiatement ils louent, coûte que coûte, des attelages par lesquels ils font enlever de l'intérieur des coupes, et déposer sur les routes et places que je leur désigne, tout le bois qui reste. Ils font eux-mêmes les avances de ces frais, puis ferment les barrières des routes, pour ne les ouvrir aux acquéreurs des bois en retard qu'après le remboursement de ces frais et l'acquittement de l'amende de 5 °/o du prix du bois en retard, stipulée dans le cahier des charges.

Telle est la pénalité énergique et efficace, dont l'application est facile et sûre, que j'ai imaginée pour arriver à mon but, l'*enlèvement des bois au 1er août.* Personne d'abord, dans notre pays ennemi de toute règle, ne croyait que je suivrais rigoureusement les conditions posées : le bonheur a voulu que la première année mon notaire, qui, tout en faisant la vente, avait acheté sa provision de bois, s'est trouvé en retard. Il a été le premier dont j'ai fait enlever le bois et exigé l'amende. Depuis ce temps, personne ne réclame, et tout le bois, sauf de bien rares et faibles exceptions, est enlevé le 1er août.

Le bénéfice de ce rapide enlèvement est énorme; je préserve de tout dommage, dès la première année de l'abattage, la pousse d'août, fort importante dans notre Nord, c'est-à-dire une demi-feuille, et je n'hésite pas à affirmer que mes taillis gagnent, non seulement cette pousse, mais plus d'une année, parce que les premiers jets sont toujours les plus vigoureux et les meilleurs.

Je ne saurais trop engager les forestiers à s'attacher, chacun dans les conditions de leurs pays, au rapide enlèvement des bois abattus dans les jeunes taillis.

Élagage.

3o Je suis allé en Belgique étudier l'élagage des arbres: après m'être convaincu de la supériorité du système belge, j'ai formé mes gardes et mes ouvriers. La grande difficulté de ce travail, c'est la surveillance, parce que chaque arbre doit être étudié et traité séparément, sans qu'il y ait à établir une règle fixe; aussi ne peut-il être fait qu'à la journée. Je choisis les premiers jours d'octobre, époque où il n'y a pas de travail dans les bois, et je prends vingt-cinq à trente ouvriers parmi les meilleurs. Je les fais travailler tous ensemble, et j'ai constamment avec eux deux gardes; je vais moi-même souvent surveiller et diriger cette délicate opération, qui dure douze à quinze jours pour 55 à 60 hectares. Ce mode d'élagage repose sur deux principes : 1° laisser à l'arbre une quantité de branches, et par conséquent de feuilles par lesquelles il respire, proportionnée à celle des racines par lesquelles il se nourrit; 2° pousser autant que possible la croissance de l'arbre vers le tronc, et l'obtenir lisse et droit, afin d'avoir le bois de charpente et de menuiserie dans la plus grande quantité et de la meilleure qualité possible. Pour obtenir ces deux résultats, on se garde bien de trop dégarnir la tête de l'arbre. On n'opère que sur les branches gourmandes et grosses, qui menaceraient de faire dévier le corps, ou qui lui enlèveraient trop de sève. Mais les couper au corps, ce serait souvent faire de trop larges plaies que l'écorce aurait bien de la peine à recouvrir. Je coupe ces branches gourmandes à deux, trois et même quatre mètres du tronc, et contre une petite branche secondaire; c'est ce qui s'appelle *arrêter* la branche. Elle ne profite plus; sa sève reflue dans le corps qui grossit, tandis que la branche arrêtée reste stationnaire; de sorte que quinze ans après, à la révolution suivante, la proportion est changée, et si la branche arrêtée est trop basse, on peut alors la couper au corps sans que la plaie soit trop forte pour l'arbre qui a grossi : par ce mode, je laisse une tête qui, en général, prend la moitié de la hauteur totale de l'arbre, depuis la cime la plus élevée jusqu'à terre. Cette tête suffit à la sève, et alors le tronc reste lisse, sans branches, et donne du bois de la meilleure qualité. Les plantations du quai des Invalides jusqu'au Pont-Royal, à Paris, présentent un beau spécimen de ce genre d'élagage.

Enfin, comme un arbre mal fait nuit autant au taillis qu'un bel arbre, et qu'entre le prix de leur solive il y a souvent une différence du simple au double, je tiens beaucoup à ne laisser que des arbres bien venants et suffisamment espacés. Pour cela, après l'enlèvement de la futaie, je fais un dernier travail de *récolement.* On y voit clair alors, et on ne réserve que les arbres qui se trouvent dans de bonnes conditions.

Gages des gardes et agents.

4° J'ai pris pour base de toute mon organisation vis-à-vis de tous mes employés *de ne jamais mettre leur devoir en lutte avec leurs intérêts.*

Pour des forêts, dont on peut presque indéfiniment augmenter le revenu en forçant le martelage des futaies, un propriétaire ne doit jamais s'associer avec ses employés. Aussi, j'ai beaucoup augmenté les gages en argent de mes gardes; je leur ai construit des maisons, afin de pouvoir prendre des étrangers au pays, mais je leur ai supprimé toute espèce de droits variables en nature ou en argent.

Cahier des charges.

5° De même que pour l'enlèvement du bois, j'ai étudié, pour les clauses du paiement, les conditions particulières dans lesquelles je me trouve vis-à-vis des acquéreurs de mes bois. Il n'y a pas de gros marchands, mais beaucoup de petits, puis des propriétaires, des menuisiers, des charpentiers, des charrons, venant acheter le bois dont ils ont besoin. Il est important pour moi que, d'un côté, je maintienne la concurrence, mais que de l'autre, j'éloigne les acquéreurs peu sérieux et qui paieraient mal.

J'ai commencé par supprimer tous droits accessoires, et je crois que, par suite de cette tranquillité donnée aux enchérisseurs, les prix nets se sont élevés.

Ensuite, j'ai divisé le paiement en deux termes : l'un avant l'enlèvement probable du bois, le second assez éloigné pour que le marchand ait pu toucher le prix de ses acquisitions, et s'en servir pour me solder, sans avoir besoin, pour faire son petit commerce, de grands capitaux.

Mais d'un autre côté, je m'assure les plus sérieuses garanties. Au moment même de l'adjudication dans les bois, chaque adjudicataire de futaie paie, à un garde qui en a reçu la mission spéciale, le dixième du prix de cette adjudication ; il signe immédiatement le procès-verbal, avec une caution sérieuse qu'il est obligé de fournir. Pour les taillis dont les ventes se font sur soumissions cachetées, chaque acquéreur signe des traites à ordre pour les jours des paiements, qui sont rigoureusement exigées aux échéances, soit des acquéreurs, soit des cautions. Et, dès le premier jour de retard, s'il y en avait, les sommes porteraient intérêt. J'ai si bien remplacé le désordre d'autrefois par la régularité, au moyen de ces mesures, que j'ai fini par ne plus faire de perte notable. En effet, en 1848, j'ai perdu la somme de 360 fr.; et depuis, pour une somme totale de ventes qui se sont élevées en dix-huit ans à 1,558,371 fr. 45 c., je n'ai plus perdu *un centime*. Et, en même temps que je régularisais mes rentrées, je rendais un véritable service à mes acheteurs, qui, eux-mêmes, ont remis de l'ordre dans leurs affaires.

Pénalités. 6° Dans mes cahiers des charges, à côté de chaque réglement, j'ai immédiatement placé, pour le cas d'infraction, une pénalité qui est toujours régulièrement et complètement appliquée : de sorte que rien ne s'y trouve à l'état de lettre morte. Cette sévérité me paraît la première condition de tout ordre.

Par l'ensemble de ces mesures, j'ai considérablement augmenté le revenu présent, comme l'avenir de mes bois, et j'ai régularisé mes rentrées, tout en ramenant l'ordre chez mes acquéreurs et dans le pays. Il sera facile à la commission de s'en assurer par l'inspection des registres et la comparaison des revenus depuis quarante ans.

DES TERRES LOUÉES.

Dans tout le domaine d'Havrincourt, il n'y a pas une seule ferme, un seul bâtiment : toutes les terres sont louées à des cultivateurs ou *ménagers* (on appelle ainsi ceux qui ont des terres, et qui, n'ayant pas de chevaux, les font cultiver par des cultivateurs moyennant un prix fixé à l'hectare). Tous ont leurs maisons et leurs granges.

Ancienne organisation.

Lorsque j'ai pris la direction de mon domaine, j'ai trouvé les terres louées en une infinité de parcelles : pour 329 hectares, il y avait 670 parcelles et 236 occupeurs (soit deux parcelles par hectare).

Le *fermage* est le seul mode usité dans le Nord ; les terres étaient louées pour neuf années ; le fermage se payait en argent, mais était fixé en blé, dont le prix se réglait d'après celui du marché de la Saint-André. Comme ce prix variait énormément, suivant les années d'abondance ou de disette, les fermages variaient également ; il en résultait cette condition anormale que, par une année d'abondance, le fermage des occupeurs était peu considérable, et par une année de disette il était fort élevé, ce qui amenait la gêne et la ruine de nos petits fermiers ; car presque tout leur blé passant dans leur consommation, ils vivaient largement, sans économiser, par les années d'*abondance* où ils avaient beaucoup de blé et peu de fermage ; et ils se trouvaient écrasés par une année de *disette* où ils avaient peu de blé pour leur consommation, et un fermage élevé. De sorte qu'en payant un fermage *moyen*, très-faible, ils faisaient mal leurs affaires ; alors ils demandaient de céder tout ou partie de leur occupation moyennant un dédommagement payé par le fermier entrant ; de sorte que les terres changeaient sans cesse de main, et que chaque nouveau fermier commençait son exploitation *avec la charge* du prix de cession, au lieu d'avoir *de l'avance* pour remettre sa terre en bon état. Tels étaient, de temps immémorial, les usages du pays et surtout du domaine.

Enfin, les baux contenaient l'obligation, pour le fermier, de livrer au propriétaire une certaine quantité de pailles, ce qui le privait d'engrais.

Je dois le reconnaître, en 1834, j'ai renouvelé moi-même de pareils baux, par ignorance des premiers principes d'agriculture. Mes études avaient cependant été assez complètes, car avant d'entrer à l'École polytechnique et dans l'artillerie, j'avais terminé mes études littéraires jusqu'au diplôme de bachelier ès-lettres. Mais en France, où l'agriculture est la base de la richesse nationale, où les institutions comme les mœurs appellent tous les citoyens à devenir propriétaires, l'enseignement est organisé de telle sorte qu'à vingt-quatre ans, après en avoir parcouru tous les degrés littéraires et scientifiques, je n'avais pas reçu les plus simples notions, je ne dirai pas d'agriculture pratique, mais des conditions générales qui pouvaient la faire prospérer ou la ruiner ; et il en est ainsi de tous les hommes du monde : après avoir fini leurs études, ils deviennent avocats, médecins, négociants, militaires, diplomates ; et, la plupart du temps, ils sont le fléau de l'agriculture par les baux qu'ils imposent à leurs fermiers, et qui sont même des causes de ruine pour leurs propres intérêts.

Organisation nouvelle.

Quoi qu'il en soit, j'étudiai sérieusement, et bientôt je compris mes fautes ; je reconnus que mes fermiers, tout en me payant un fermage moyen très-bas (il n'allait pas à 60 fr. l'hectare en 1849), faisaient de mauvaises affaires et épuisaient mes terres ; je résolus de couper le mal à ses racines.

La division était un premier obstacle à toute amélioration ; j'entrepris de réunir le plus possible de parcelles enclavées dans mes champs, au moyen d'échanges ou d'acquisitions. J'y consacrai mes efforts pendant quinze années, et je fis 263 *réunions*.

Alors, en 1849, je prévins un an d'avance mes fermiers dont le bail était expiré que j'allais reprendre toutes leurs occupations. Comme leurs familles étaient fermières de la mienne depuis plusieurs siècles, et qu'il y avait même entre eux et nous des liens plus intimes encore, par suite de circonstances bien honorables pour tous, mais qui n'auraient pas leur place dans ce mémoire, je résolus de donner à chacun la même qualité, et la même contenance ou à peu près, qu'ils avaient auparavant. Ce travail de classement, très-délicat, puisque nous avons cinq classes de terre, me dura un an. A un fermier qui avait 2 hectares en cinq ou six pièces, je donnai les 2 hectares en deux champs. A un autre qui avait 6 hectares en 25 pièces, je donnai 6 hectares en trois ou quatre pièces placées autant que possible du côté de sa ferme. J'avais surtout bien soin de diviser mes grandes pièces en subdivisions aboutissant toutes, autant que possible, à un chemin. Et enfin je réduisis à 252 le nombre de parcelles pour 233 hectares, soit à peu près une parcelle par hectare; je n'ai pu aller plus loin, à cause des *ménagers* qui sont les plus nombreux.

Division du domaine en terres louées et en terres cultivées directement.

Dans ce remaniement général de mes biens, je n'oubliai pas ma culture. Voici les considérations mûrement réfléchies qui me dirigèrent dans le choix des terres de ma culture.

Je désirais de grandes pièces : j'étais décidé à mettre un capital d'améliorations dont ne pourraient pas disposer mes fermiers; enfin les terres qui bordent les nombreuses sinuosités des bois ont toujours à souffrir du gibier qu'on ne peut détruire entièrement, et je pensai que c'était plutôt à moi qu'à mes fermiers à supporter cette moins-value. Je composai donc mon faire-valoir, d'abord de toutes les pièces de terre contiguës aux bois, et dont j'avais obtenu par des échanges ou des acquisitions la presque totalité sur notre territoire; j'y ajoutai toutes mes terres de quatrième et de cinquième classe, afin de les améliorer, et je louai à mes fermiers toutes mes bonnes terres.

Je fixai un fermage régulier par classe de terre, l'impôt payé par les fermiers, sur les bases suivantes :

Établissement du prix du fermage.

1re classe............	90 fr.	l'hect.
2e classe............	81	—
3e classe............	72	—
4e classe............	63	—
5e classe............	54	—

Mais les nouvelles pièces étaient toujours formées de plusieurs des anciennes divisions laissées dans des conditions bien différentes de sol et de richesse. Pour que les occupeurs les remissent en bon état, il leur fallait faire des sacrifices et des avances ; bien loin de leur demander un *pot-de-vin* ou *des épingles,* suivant l'usage déplorable du pays, il était juste de les aider pendant les premières années; c'est ce que je fis en leur passant un bail *progressif* de *douze années,* établi de la manière suivante :

Fermage progressif.

Classe	Période	Fermage		Moyenne
1re classe. Taux normal: 90 fr. l'hect.	Les 4 premières années :	80 fr.	l'hect.	Moyenne égale au taux normal : 90 f.
	De 4 à 8 ans..........	90	—	
	De 8 à 12 ans..........	100	—	
2e classe. Taux normal: 81 fr. l'hect.	Les 4 premières années :	71 fr.	l'hect.	Moyenne égale : 81 fr.
	De 4 à 8 ans..........	81	—	
	De 8 à 12 ans..........	91	—	
3e classe. Taux normal: 72 fr. l'hect.	Les 4 premières années :	62 fr.	l'hect.	Moyenne égale : 72 fr.
	De 4 à 8 ans..........	72	—	
	De 8 à 12 ans..........	82	—	
4e classe. Taux normal. 63 fr. l'hect.	Les 4 premières années :	53 fr.	l'hect.	Moyenne égale : 63 fr.
	De 4 à 8 ans..........	63	—	
	De 8 à 12 ans..........	73	—	

5e classe. Taux normal: 54 fr. l'hect.	Les 4 premières années :	44 fr. l'hect.	Moyenne égale : 54 fr.
	De 4 à 8 ans..........	54 —	
	De 8 à 12 ans.........	64 —	

Ainsi, le taux normal du fermage à l'hectare étant établi d'après les classes de terres, j'ai prêté pendant chacune des quatre premières années, aux fermiers, 10 fr. par hectare, sans intérêts; je les leur ai laissés pendant les quatre années suivantes, et ils me les ont rendus pendant chacune des quatre dernières années. Je les ai évidemment aidés pendant les années les plus difficiles pour eux, et au bout de huit ans, lorsqu'ils avaient eu le temps de mettre leurs terres en plein rapport, ils m'ont facilement remboursé mes avances. Je leur ai donc rendu un grand service; mais, d'un autre côté, j'ai aussi agi dans mes véritables intérêts.

Amélioration des terres louées.

En effet, à l'aide de mes avances, les fermiers encouragés ont si bien amélioré leurs terres, qu'au bout des douze années, je leur ai passé de nouveaux baux réguliers de neuf ans, non pas même aux derniers prix du bail progressif de douze ans, mais aux prix suivants, qui leur sont un peu supérieurs, mais que je sais très-équitables :

Augmentation.

1re classe....	112 fr. l'hect.
2e classe............	101 —
3e classe............	90 —
4e classe............	79 —
5e classe............	68 —

Et tous, sans une seule exception, ont accepté ces nouveaux prix avec reconnaissance, et ils paient leurs fermages avec facilité et avec exactitude. Je crois avoir ainsi résolu le grand problème de la *conciliation des intérêts du propriétaire avec ceux du fermier.*

Restait à résoudre la question de l'état des terres à la fin du bail.

Clauses de fin de bail.

Pour moi personnellement, elle est plutôt une question de principe qu'un intérêt immédiat; car fixant un fermage équitable, mais toujours au-dessous du cours normal, jamais nos fermiers, qui se sont succédés de père en fils, depuis trois siècles, ne me quittent. Mais ces bons rapports mutuels peuvent changer après moi, et je veux tout prévoir.

La condition *de cultiver en bon père de famille* se trouve dans tous les baux d'une manière vague, mais elle n'est pas exécutée; dans les dernières années le fermier appauvrit sa terre, soit en supprimant ou diminuant les engrais réguliers, soit en absorbant tout ce qui en reste en terre, par une succession de céréales. Voici comment j'ai cherché à parer à ce danger. Pendant les six premières années de son bail, le fermier est parfaitement libre de ses allures ; mais pendant les trois dernières années, d'une part, je lui interdis de mettre deux céréales de suite ; et d'autre part, je lui garantis à sa sortie le remboursement de la valeur des engrais dont il n'aura pas profité. Ce remboursement est ainsi fixé : la *moitié* de la valeur de ses engrais mis dans l'avant-dernière année, et sur lesquels il aura pris *une récolte; l'intégralité* de la valeur des engrais mis la dernière année, sur lesquels il n'aura *rien* récolté. Le fermier me prévient de ses charrois, et la quantité comme la valeur sont constatées contradictoirement.

Sans doute, il pourra encore appauvrir sa terre, mais il n'y aura plus intérêt légitime en quelque sorte, puisque je lui rembourse ses fumiers, et ce remboursement est d'ailleurs de toute équité. D'un autre côté, je trouverai toujours de l'empressement chez les fermiers entrants à faire cette avance, pour avoir et des engrais et des terres en bon état.

Conditions de paiement.

Restent les conditions de paiement.

Ici, comme dans toute mon administration, j'ai tenu à l'ordre et à la régularité.

Lorsqu'il n'y a pas une époque *précise* de paiement, ou lorsqu'on ne tient pas à l'exécution de la règle posée, le cultivateur remet l'acquittement de son fermage au jour où il vendra son blé ou ses graines oléagineuses ; ce même jour, s'il trouve à la ville une occasion de dépense ou d'acquisition, il n'y résiste pas : le produit de la vente est écorné, et le fermage est remis, car il ne presse pas. Et c'est ainsi que beaucoup de mes meilleurs fermiers se laissaient mettre en retard de plusieurs années, et finissaient par faire de mauvaises affaires. Pour l'ensemble de mes recettes, il y avait en général une année au moins de fermage en retard.

Pour couper court à ce désordre, j'ai résolu de donner à mes fermiers du temps pour s'acquitter, mais de le limiter rigoureusement, en fixant une époque précise de l'année pour la perception des fermages.

Les fermages sont dus, d'après les baux, à partir du 1er octobre ; tout en conservant mon droit, j'en ai fixé la perception du 1er au 8 février, ce qui donne bien le temps de faire de l'argent avec les récoltes, pendant l'hiver ;

mais, dès le 9 février, tous ceux qui sont en retard sont avertis, pressés, et je les demande moi-même, pour m'informer des causes de leur gêne. S'ils ont éprouvé des accidents, je préfère les aider de la main à la main, afin qu'ils régularisent leur position au bureau du régisseur.

Par l'ensemble de ces mesures, j'ai obtenu des résultats plus précieux encore pour mes fermiers que pour moi-même. Lorsqu'ils se trouvaient en arrière de plusieurs années, ils se décourageaient, cultivaient mal, puis demandaient à céder une partie de leurs terres. Cette perspective de changements partiels était toujours, devant leurs yeux, une ressource sur laquelle ils comptaient, car le fermier entrant payait une somme assez forte au cessionnaire.

Résiliations des baux.

L'usage était qu'à la mort d'un chef de famille tous les enfants partageaient également ses terres louées comme ses propriétés, ce qui formait une nouvelle cause de changements et de morcellements qui aurait bientôt annulé ma longue opération de réunions en grandes pièces. Or, il y a un vieux proverbe agricole qui dit : « Deux changements de maître valent un incendie. »

Pour consolider mon organisation, j'ai établi dans les baux :

1° Qu'en cas de mort du fermier, le bail ne pourrait être divisé, mais passerait en entier à celui des enfants ou des héritiers que je désignerais, moyennant un dédommagement de 300 fr. par hectare qu'il paierait à ses co-héritiers.

Cette somme de 300 fr. est bien inférieure à celle que les cessionnaires obtenaient, et je l'ai fixée au même chiffre, quelle que soit la classe de terre, parce j'ai établi entre les fermages de chaque classe des différences calculées de manière qu'il y ait le même bénéfice dans la location de chacune d'elles.

2° J'ai déclaré aux fermiers que, sans proscrire d'une manière absolue les cessions qui ont, pour origine et pour raison d'être, certaines conditions toutes particulières dans lesquelles ma famille se trouve vis-à-vis de la plupart de nos fermiers, je n'en permettrais plus de partielles, mais seulement de la totalité de l'occupation d'un locataire.

Résultats obtenus.

Cette petite législation a complètement changé la situation. Chaque année, le 8 février, il ne reste pas un vingtième d'une année de fermage en retard, et ce vingtième est totalement rentré deux ou trois mois, au plus, après. Les fermiers ont de l'ordre dans leurs affaires et réussissent en général. Ils ont pris un attachement tout nouveau pour leurs belles et grandes pièces, et les cessions ont presque entièrement disparu. Rien ne sera plus facile à la commission que de constater ces résultats par la comparaison des livres anciens et nouveaux, *qui démontreront l'influence que peut avoir un propriétaire sur l'agriculture de ses domaines loués.*

SUCRERIE.

Eau.

La grande préoccupation qui a précédé pour moi l'établissement de ma sucrerie a été la question de savoir si j'aurais de l'eau. En effet, Havrincourt est situé sur le plateau qui sépare les eaux de la Somme, de la Scarpe et de l'Escaut. Les puits ont 60 mètres de profondeur et tarissent par les sécheresses.

Décidé à ne rien hasarder, j'ai fait venir M. Kind, qui m'a fait un forage jusqu'à 150 mètres. L'eau n'a pas jailli, mais a monté jusqu'à 37 mètres du sol. J'ai percé un large puits jusqu'à l'eau; mais avant d'aller plus loin, j'ai voulu faire l'expérience d'une manière concluante : j'ai établi sur le puits la machine à vapeur de ma batteuse, avec une pompe provisoire pouvant fournir plus de 100 hectolitres à l'heure, quantité largement suffisante pour une sucrerie à air libre avec ses accessoires. Au moment de l'expérience, je suis descendu au fond du puits, plein d'anxiété.

A 60 hectolitres à l'heure, le niveau n'a pas sensiblement baissé ; à 80, il a baissé de 35 à 40 centimètres ; à toute vapeur, il a baissé de 70 centimètres, mais jamais davantage. Après deux jours d'essai, j'ai été tranquillisé, et j'ai décidé mes constructions. Bien des fabriques sont dans de mauvaises conditions pour s'être établies avant d'être parfaitement assurées d'une quantité d'eau suffisante.

Néanmoins, l'abaissement de mon niveau d'eau à mesure que j'augmentais ma force, la profondeur d'où il fallait que je l'élevasse, m'avertissaient que je ne devais pas trop demander à ma nappe d'eau, et risquer de manquer du premier aliment de toute sucrerie. J'ai donc renoncé aux appareils dans le vide, qui, à cette époque, exigeaient 200 hectolitres d'eau, au moins, à l'heure, et je me suis contenté des appareils à air libre.

Construction Je me suis adressé à la maison Cail et à M. Lachaume, son représentant si habile et si consciencieux à Douai. Avec ses conseils, j'ai établi une disposition d'ensemble aussi commode pour le service que facile pour la surveillance, et qui permet une notable économie dans le personnel.

La sucrerie est éclairée au gaz et en fournit à la culture, moyennant une subvention de 3 centimes par bec à l'heure.

Mes pompes élèvent l'eau dans des réservoirs placés sur les toits, d'où elle est distribuée dans toute l'usine.

Matériel. J'ai quatre générateurs de la force de cinquante chevaux chacun;

Deux machines, l'une de dix-huit chevaux, l'autre de huit chevaux;

Un élévateur de betteraves auquel aboutissent des chemins de fer, *fixes* dans les chemins, *mobiles* dans les silos et les tas;

Une pompe à pulpe;

Une presse préparatoire, mue par des courroies et une vis sans fin;

Cinq presses hydrauliques dont les pistons ont 30 centimètres;

Trois chaudières de 18 hectol. 40 lit., à déféquer; et

deux plus petites pour redéféquer les jus d'écumes, adjonction dont je me suis parfaitement trouvé;

Trois chaudières à saturer, approvisionnées par un four à chaux, à feu continu, produisant un courant constant et régulier d'acide carbonique;

Deux chaudières à évaporer, deux chaudières à cuire, une chaudière à clarifier;

Sept filtres au noir, cinq monte-jus, trois turbines, quarante bacs de premiers, dix-sept bacs de seconds, et treize citernes de troisièmes. Ces dernières, enfoncées dans une cave dont le terrain est sec et solide, sont chauffées par un calorifère alimenté avec un quart d'hectolitre de charbon par vingt-quatre heures, et avec des escarbilles.

J'ai quatre fours à réverbère pour revivifier mes noirs, lesquels, après avoir fermenté et avoir été lavés dans une hélice, sont encore purifiés par un courant de vapeur dans un épurateur, avant d'être recuits dans les fours.

J'ai éprouvé une difficulté très-sérieuse dans la nature très-calcaire des eaux, qui déposaient promptement un sédiment très-tenace contre les parois des générateurs et de tous les tuyaux; je m'en suis parfaitement débarrassé en faisant passer toutes mes eaux d'alimentation, déjà chauffées par les retours de vapeur, à travers un filtre qu'on nettoie toutes les vingt-quatre heures.

Dispositions d'ensemble.

Derrière et autour de la sucrerie se trouvent de grandes cours pavées, puis de vastes silos entourés de chemins parfaitement macadamisés et que desservent des chemins de fer *fixes* dans les passages des chemins, et *mobiles* dans l'intérieur des silos, de sorte que la circulation et les transports sont faciles en tout temps.

Des silos maçonnés reçoivent ma pulpe, et sont assez rapprochés du travail pour que la pulpe du jour y soit directement secouée par les enfants, ce qui me donne une économie de main-d'œuvre pour le transport, et le tassement indispensable à la conservation de la pulpe.

Je me suis préoccupé d'éviter les encombrements ordinaires dans les sucreries, et deux portes servent, l'une d'entrée, l'autre de sortie aux voitures après qu'elles ont passé pleines puis vides sur la bascule, par deux voies qui se croisent à angle droit.

Marchés pour l'acquisition des betteraves.

J'ai porté la plus sérieuse attention à mes rapports avec les cultivateurs auxquels j'achète des betteraves, car ma fabrication normale étant de huit millions de kilos, et ma culture ne m'en fournissant au plus que douze à quinze cent mille, il m'en reste à acheter six millions et demi. Or, les contrats usuels m'ont paru très-défectueux sous deux points de vue :

1° L'acquisition des betteraves à un prix fixe et déterminé d'avance, avant la récolte et la fabrication ;

2° Cette même acquisition, *par récolte,* de contenances désignées, et sans aucune limite de poids inférieure et supérieure.

Voici les graves inconvénients que je trouve à ces deux sortes de contrats :

1° Les compromis se passent en général avant les semailles. Le cultivateur a besoin d'être certain d'avance de la vente d'une récolte aussi encombrante, et dont les sucreries voisines sont le seul marché; s'assurer, dès lors, l'écoulement de ses produits est une mesure aussi sage pour lui qu'elle est pour le fabricant la garantie de ses approvisionnements.

Mais fixer d'avance le prix de ces betteraves, *quels que soient la récolte et le prix du sucre,* m'a paru une de ces conditions hasardées qui produisent de grandes oscillations et jettent les industries dans des chances dangereuses.

En effet, la production du sucre indigène, et par conséquent la culture de la betterave, ont pris une telle extension, qu'elles règlent les cours sur les marchés français, ou du moins ont sur eux une énorme influence ; il en résulte que pour le sucre, de même que pour les farines, pour les huiles, etc., lorsque la récolte de la matière première qui les produit est abondante, les prix s'abaissent; lorsqu'elle manque, les prix s'élèvent. Le prix du sucre subit donc (sauf l'action des sucres étrangers) l'influence de la récolte de la betterave : il est bon marché lorsque la récolte de la betterave est abondante ; il est cher lorsqu'elle a manqué. On voit alors se produire, lorsque le prix de la betterave est fixé d'avance par les marchés, l'anomalie suivante :

Si la récolte est abondante, le cultivateur, recevant toujours le prix fixé d'avance, fait de très-beaux bénéfices, tandis que le fabricant, qui voit le sucre baisser et qui paie la betterave relativement fort cher, fait de très-mauvaises affaires. C'est ce que nous avons vu en 1857-1858, où la betterave a été achetée au printemps, d'avance, à 24 fr. les 1,000 hilos, en raison du prix du sucre, fort rare et fort cher alors (il valait 40 et 42 fr.). La récolte a été superbe; les sucres sont tombés à 27 et 28 fr. Les fabricants, qui payaient néanmoins toujours leurs betteraves 24 fr., ont fait des pertes énormes, et plusieurs fabriques ont croulé, tandis que les cultivateurs ont fait des affaires d'or. L'inverse s'est produit en 1861 : la betterave a été généralement achetée 18 fr.; elle n'a produit qu'une demi-récolte, et les betteraves ont coûté énormément à arracher et surtout à nettoyer, en raison des radicules qui retenaient la terre. Les cultivateurs n'ont cependant reçu que les 18 fr. convenus, qui ont à peine couvert les frais, tandis que le sucre s'est vendu cher, et que les fabricants ont fait de très-bonnes affaires. C'est-à-dire, en résumé, que le cultivateur gagne quand le fabricant perd, et réciproquement.

Il en résulte de graves conséquences : ces deux industries se trouvent sans cesse sous le coup d'oscillations et de chances qui, surtout pour la sucrerie qui emploie de grands capitaux, sont toujours funestes; et puis encore, ces deux industries si liées l'une à l'autre, et qui se complètent si admirablement pour produire les merveilleux résultats qu'offrent les départements du nord de la France, se trouvent, en raison de leurs intérêts opposés, en état d'hostilité permanente.

Voici comment j'ai changé cette situation :

J'ai proposé aux cultivateurs de faire avec eux des marchés qui leur assurent toujours d'avance l'écoulement de leurs produits, mais qui laissent plus tard à fixer le prix de la betterave *d'après le prix du sucre.* Je leur ai fait observer que, le sucre étant cher ou bon marché, suivant que la betterave était rare ou abondante, ils verraient ce produit régularisé comme celui de leurs blés, de leurs graines oléagineuses, etc., les prix élevés venant dédommager des faibles rendements, et les récoltes abondantes des prix faibles.

La plupart ont accueilli avec empressement mes ouvertures, et voici le réglement que j'ai établi.

Tous les prix du *Moniteur* sont relevés, du 15 octobre au 15 janvier. Une moyenne est établie, et des prix correspondants sont fixés, pour la betterave, d'après mes frais de fabrication et un bénéfice raisonnable, entre un minimum qui sert de dernière garantie pour le cultivateur, et un maximum dans l'intérêt du fabricant. L'échelle progressive a donc été fixée ainsi :

Cotes des sucres à la Bourse de Paris, d'après le *Moniteur*.	Prix correspondants pour 1,000 kil. de betteraves.
64f	16f » minimum.
65	16 50
66	17 »
67	17 50
68	18 »
69	18 50
70	19 »
71	19 50
72	20 »
73	20 50
74	21 »
75	21 50
76	22 » maximum.

La première année, en 1860, j'ai laissé aux cultivateurs le choix entre le prix ferme de 18 fr., qui était le cours, et un prix aléatoire progressif suivant l'échelle ci-dessus, tout en les engageant à choisir le dernier mode.

Ceux qui ont choisi le prix fixe de 18 fr. ont eu à peine de quoi couvrir les frais de leur triste récolte, tandis que le marché progressif a donné aux autres le prix de 21 fr. que j'ai payé volontiers, puisque d'octobre à janvier nous avons bien vendu nos sucres; malheureusement, ma fabrication a fini le 26 décembre au lieu des premiers jours de février, comme les années précédentes, faute de betteraves.

Après la latitude donnée aux cultivateurs la première année, je ne leur ai plus laissé le choix et n'ai plus passé que des marchés progressifs. L'exemple de l'année 1861 m'a d'ailleurs aplani toute difficulté; seulement, le prix moyen des sucres ayant énormément baissé, j'ai modifié l'échelle de la manière suivante dans un intérêt d'équité.

Prix des sucres.	Prix correspondants des betteraves.
62f	18f » minimum.
63	18 50
64	19 »
65	19 50
66	20 »
67	20 50
68	21 »
69	21 50
70	22 » maximum.

Je regarde ces traités comme de la plus haute importance, pour l'avenir de la sucrerie indigène comme pour celui de l'agriculture.

La seconde amélioration, pour être bien moins considérable, n'en a pas moins son importance.

Si tous les hommes étaient consciencieux, il ne faudrait jamais de règles écrites; malheureusement, il y a souvent de tristes exceptions. Voici donc ce qui arrive lorsque nous achetons aux cultivateurs la récolte de pièces de terre désignées par leur contenance, mais sans fixation de poids. Si les prix, par suite d'une faible récolte, se sont élevés, au moment de la livraison, au-dessus des prix des compromis passés au printemps, il arrive souvent que le cultivateur vient nous dire qu'il n'a presque rien récolté. Il ne nous livre, sous ce prétexte, qu'une partie de sa récolte et va vendre le reste, *au cours du jour*, à une autre sucrerie. Alors notre fabrication, déjà amoindrie par l'insuffisance de la récolte, l'est encore par ces soustractions. Si, au contraire, la récolte abondante a fait baisser les prix, oh ! alors, le cultivateur suppose des récoltes monstrueuses, et il nous amène sous son nom la récolte de son voisin, qui n'a pas vendu d'avance, et alors notre fabrication, déjà surchargée par l'abondance de la récolte, l'est encore par ces livraisons déloyales. Ces fraudes sont bien difficiles à constater par nous, alors si occupés; cependant, j'y suis parvenu une fois, et j'ai exigé que le cultivateur vînt, à sa honte, rechercher dans ma cour les betteraves qu'il m'avait livrées frauduleusement.

Pour parer à ce danger, j'achète, non pas une contenance de récolte, mais un poids déterminé de betteraves. Si le cultivateur a des excédants, il est libre d'en faire ce qu'il veut, comme moi de les lui acheter. Pour le cas où il aurait un manquant réel provenant de sa récolte, j'ai fixé un minimum de rendement (30,000 kilos à l'hectare), au-dessous duquel, après m'avoir averti assez tôt pour que je puisse le faire constater, il n'est plus tenu qu'à ce qu'il a réellement. C'est lui qui fixe le poids qu'il espère et qu'il vend, et alors, en l'établissant au minimum 30,000 kilos, il peut avoir des excédants dont il disposerait pour ses bestiaux ou par une vente supplémentaire, mais il ne peut pas avoir de manquants qu'il compléterait difficilement. Aussi, presque tous ne me vendent plus maintenant qu'à raison de 30,000 kilos à l'hectare. J'achète avec certitude ma provision, mais en me laissant une latitude pour racheter tout ou partie des excédants de mes planteurs. Je puis ainsi, pour les satisfaire, prolonger ma fabrication de quinze jours ou trois semaines; mais au moins je ne suis pas entraîné plus loin que je ne veux, et j'ai coupé court aux fraudes.

Les cultivateurs ont le droit de se réserver, dans leurs compromis, le cinquième en pulpes du poids de leurs betteraves, et je leur vends cette pulpe 10 fr. les 1,000 kilos; en dehors de cette cession obligatoire pour moi, je ne vends de pulpe à personne, car j'apprécie trop la valeur de cette nourriture, la plus économique de toutes, et l'une des plus saines lorsqu'elle est préparée et donnée comme je le fais. Quant à celle qui me revient pour mes betteraves, je la place dans de grands silos maçonnés et *attenant à la sucrerie,* ce qui me permet d'y faire secouer directement les sacs, et d'obtenir une économie de frais de transports et de tassement. Par chaque couche de 3 à 4 centimètres, je répands une couche de courte paille, et je saupoudre de sel marin. Enfin, je termine le silo en forme de toit, et je le recouvre d'une bonne couche de terre tassée et battue autant que possible. La pulpe étant vendue fraîche par *la sucrerie* à la *culture*, qui la traite et l'emploie, c'est à l'article du faire-valoir que je m'étendrai sur cette nourriture.

Personnel.

Ma sucrerie marche à merveille, et quant à la direction et à la surveillance, je les trouve bien plus faciles que celles d'une culture; tout y est régulier comme les machines; et les hommes, qui sont payés *à la chaudière*, et qui se trouvent par conséquent presque mes associés, prennent de la régularité des machines : ils sont exacts, soumis, font un travail énorme et portent un intérêt visible aux travaux de l'usine qui leur donne de l'aisance.

J'ai à la tête de ma sucrerie :

Un contre-maître, très-habile praticien; en outre de gages fixes, il a deux pour cent sur les bénéfices nets;

Un comptable qui tient en même temps ma comptabilité agricole;

Deux surveillants qui s'alternent pour être de service de jour et de nuit pendant douze heures : un premier surveillant de cour qui établit les tares sur les betteraves, et un deuxième pour les déchargements. J'ai dans l'intérieur de l'usine deux brigades, chacune de trente-neuf ouvriers et de trois laveuses de sacs, travaillant douze heures, et alternant tous les huit jours pour être de jour et de nuit, et quatorze ouvriers ne travaillant que de jour.

J'ai enfin, au dehors de l'usine, un nombre d'hommes et de femmes variant de quarante à cinquante, qui déchargent les betteraves et font le service extérieur; mais je ne veux aucune femme dans l'intérieur de l'usine, sauf les laveuses de sacs, qui sont à part, et âgées.

Conditions difficiles. Néanmoins je ne me suis pas dissimulé que mon établissement avait à lutter contre bien des conditions défavorables.

Débouchés. Le canal le plus rapproché est à 10 kilomètres, dont 4 kilomètres de chemins de terre, ou à 14 kilomètres par voies empierrées, montueuses et tirantes. L'été, par les chemins de terre, je puis faire deux voyages par jour de la sucrerie à Marcoing; dans l'hiver, j'ai plus court d'aller à Cambrai à 13 kilomètres, mais alors je ne puis faire qu'un voyage.

Charbon. Il en résulte de toute façon, pour moi, des transports considérables, puis l'obligation de faire mes approvisionnements de charbon, l'été. Ces frais de transport s'élèvent à 25 centimes, de Marcoing à Havrincourt, par hectolitre.

Souvent, même l'été, des pluies arrivent pendant qu'un bateau est commencé : comme il ne donne qu'un nombre de jours fixe *de planche*, il faut bien continuer, et alors les transports deviennent très-difficiles. Un approvisionnement de 30,000 hectolitres de charbon exige des avances considérables, et cependant l'économie sur le fret des bateaux, moins élevé l'été que l'hiver, et surtout sur les transports par terre qui s'élèvent l'hiver presque du simple au double, ne me permet pas d'hésiter. Mais il en résulte quelquefois de graves inconvénients.

La récolte de la betterave varie tellement, que je ne

puis jamais savoir au juste ce qu'il me faudra de charbon. Ainsi, en 1861, le déficit en betteraves a été si élevé, qu'il m'est resté près de 15,000 hectolitres de charbon; cette masse s'est échauffée, et le charbon, qui heureusement était assuré, a subi une notable dépréciation : il m'a fallu déplacer tout le magasin pour arrêter le commencement de combustion.

Ces mêmes charges de transports existent pour mes sucres, que je conduis à la gare du chemin de fer de Cambrai, à 15 kilomètres.

Subventions industrielles

Ce n'est pas tout : je suis situé au milieu de chemins de grande communication, sans une seule route impériale ni départementale pour le transport de mes betteraves et de mes charbons, et les subventions industrielles qui sont à ma charge sont énormes. En 1860, elles se sont élevées à 4,500 fr., auxquels il faut ajouter 3,000 fr. que j'ai été obligé de donner *volontairement* pour obtenir le rechargement de notre principale route, qui avait un empierrement tout à fait insuffisant.

Rareté de l'eau.

Enfin, l'eau que j'ai obtenue me suffit, mais ne permet pas l'établissement des appareils à cuire dans le vide ou en grains.

Conditions avantageuses.

Mes avantages sont les suivants :

— Qualité de la betterave.

La bonne qualité de ma betterave, parce qu'on n'avait pas encore cultivé cette racine en grand dans mes environs avant 1857 ;

Annexion d'une culture

L'annexion à ma sucrerie d'une culture qui lui est très-utile, en mettant à sa disposition des transports toujours prêts, en lui prenant et lui payant ses eaux, ses résidus de défécation, en lui amenant des betteraves aux jours où elle en a besoin, etc.; d'un autre côté, la culture bénéficie aussi de cette union. Jamais elle n'a un cheval, un domestique inoccupés, car elle fait cadrer, par une bonne entente, les transports de la sucrerie avec ses propres travaux; aussi ses chevaux et ses attelages, qui sont payés identiquement aux mêmes prix que ceux des autres cultivateurs que la sucrerie emploie souvent, sont-ils toujours en bénéfice.

Enfin, j'ai obtenu, non seulement sur les terres de mon exploitation, mais sur toutes celles qui sont occupées par mes fermiers, la notable amélioration qui partout est la conséquence de l'établissement des sucreries. J'ai, par cet ensemble, augmenté considérablement la valeur capitale et le revenu de tout mon domaine.

J'ai pesé ces considérations et ne me suis rien dissimulé. Il était nécessaire de les faire ressortir pour qu'on comprît les difficultés de mes deux entreprises agricole et industrielle, et pour qu'on ne s'attendît point à trouver à Havrincourt les magnifiques résultats que l'on a obtenus dans des situations privilégiées.

Inventaires.

Tous les ans mes inventaires sont faits avec une rigoureuse exactitude et vérifiés par un comptable expérimenté. Il va sans dire que je commence d'abord par prélever l'intérêt à 5 1/2 du capital, avant tous bénéfices. Pendant quelques années j'avais créé un capital d'amortissement :

mais j'ai cessé cette retenue; comme je suis seul, sans associés, je préfère rembourser peu à peu le capital sur les bénéfices. Il m'est arrivé d'en obtenir d'assez importants, bien que le prix du sucre n'ait pas été fort élevé, parce que la betterave était riche.

Alors, si le prix moyen du sucre ne dépassait pas le minimum au-dessous duquel le prix de la betterave, dans mes marchés, reste à 18 fr. les 1,000 kilos, pour encourager les cultivateurs dans nos excellents marchés progressifs, j'ai ajouté, au moment du paiement, 1 fr. aux 18 fr. dus, et j'ai payé la betterave 19 fr. Cette communauté d'avantages m'a bien attaché mes vendeurs.

Le premier exercice a été cruel pour moi : c'était en 1857; toutes les sucreries ont perdu, et beaucoup même ont succombé, parce qu'elles avaient acheté d'avance la betterave à un prix énorme, 24 fr., que la récolte a dépassé toutes les prévisions, et qu'il en est résulté l'avilissement du prix des sucres.

J'ai été plus malheureux que personne, me trouvant comme tous dans les mauvaises conditions que je viens de décrire, mais ayant de plus toutes les difficultés d'une première année, qui ont retardé mon travail et m'ont forcé à fabriquer très-tard des betteraves gâtées.

Résultats.

C'est alors qu'éclairé par cette cruelle expérience, j'ai établi mes marchés progressifs, qui m'ont préservé des grandes oscillations si pernicieuses aux industries, et m'ont procuré, depuis, une moyenne raisonnable, mais *se soldant chaque année, sans une seule exception, par des bénéfices,* ainsi que mes livres le constatent.

FAIRE-VALOIR.

Je ne me suis pas dissimulé que mon faire-valoir était placé dans des conditions exceptionnellement défavorables, parce que j'ai subordonné sa formation à des considérations étrangères à la culture.

But de l'entreprise.

Mon but a été l'amélioration de mauvaises terres, pour lesquelles il fallait des capitaux et des moyens énergiques dont ne disposaient pas mes fermiers, et même, une fois cette amélioration obtenue, de prendre à ma charge les causes de pertes permanentes affectant une partie de mon domaine, et qu'il ne me paraissait pas équitable d'infliger à mes fermiers. Je m'explique.

Jusqu'en 1850, ma culture a été dans des conditions ordinaires, mes pièces de terre étant réparties sur tout le territoire. Mais, en 1850, ayant, ainsi que je l'ai dit à l'article des terres louées, fait une nouvelle répartition entre mes fermiers, j'ai aussi formé tout à nouveau mon faire-valoir; malgré l'énorme écart de 48 fr., que j'ai établi entre le prix de location de l'hectare de première classe, et celui de l'hectare de cinquième classe, mes fermiers préfèrent tous, de beaucoup, mes première et deuxième classes, et y font mieux leurs affaires. J'ai donc donné à mes fermiers toutes les bonnes terres de mon ancienne culture, et pris des troisième, quatrième et cinquième classes pour mon faire-valoir.

Mais il y a en outre une circonstance toute spéciale sur

le territoire d'Havrincourt : si l'on jette les yeux sur le plan général, on remarquera tout d'abord qu'il est limité au midi par les bois, qui décrivent beaucoup de sinuosités. Les plaines dites du *Soreux* et du *Quesnoy*, qui touchent les bois, sont argileuses et en pente au nord. Par ces trois conditions, elles sont beaucoup plus froides, et il y a quinze jours de distance entre leurs récoltes et celles de tout le reste du territoire, qui est moins argileux et mieux exposé. Mais pour les terres compactes qui touchent immédiatement les bois, il y a bien d'autres inconvénients encore : les insectes et les pigeons ramiers qu'ils produisent rendent certaines récoltes, et notamment le colza, impossibles; les fourrages sèchent bien plus difficilement par les années humides si fréquentes dans le Nord ; et enfin, quelque soin que je mette à la destruction du gibier, il est impossible, au milieu des ronces qui remplissent les bois, de l'anéantir, et il y a sur les bordures des dommages si sensibles, que j'ai renoncé à y mettre des blés de saison, pour n'y placer que des céréales de mars. Ces faits sont tellement reconnus que, tandis que le prix courant des terres sur le reste du territoire varie de 4,500 à 6,000 fr. l'hectare, on ne trouve pas d'acheteurs le long des bois à 3,500 fr., et seul j'ai osé y acheter.

Eh bien ! après avoir obtenu par acquisitions ou échanges la totalité des pièces contiguës au bois, qui me manquaient sur le territoire d'Havrincourt, je les ai toutes prises dans ma culture sur une longueur de trois kilomètres de long. (*Voir le plan.*)

Quant aux autres pièces de terres, comme j'ai cru devoir prévenir deux ans d'avance mes fermiers de mon intention de les reprendre, ils me les ont laissées bien épuisées, et j'ai telle grande pièce de 10 hectares qui comprenait plus de trente champs différents pour les labours, les soles et l'état d'épuisement. Il m'a fallu d'énergiques défoncements, plusieurs fumures et plusieurs années pour rendre ces champs uniformes.

Enfin l'ensemble de ma culture est composé ainsi :

1re classe...........	3 hect.	72 ares	91 cent.
2e classe...........	28	56	43
3e classe...........	68	79	59
4e classe...........	21	92	32
5e classe...........	17	79	67
Total.......	140 hect.	80 ares	92 cent.

On voit donc dans quelles conditions difficiles j'ai commencé. Aujourd'hui, je suis bien heureux et j'oublie mes peines, lorsque je vois sur ces terres des blés me rendant jusqu'à 1,400 gerbes et 42 hectolitres à l'hectare, et lorsque les moyennes de mes rendements sont supérieures à celles de la statistique cantonale et à celles régulièrement constatées pour les cultivateurs qui me vendent leurs betteraves.

Plan général. Je dois maintenant expliquer le plan général de mon exploitation.

Pendant les premières années, j'ai cherché à avoir beaucoup de nourritures pour mes bestiaux, et surtout des racines, dont la récolte est bien plus régulière que celle des fourrages, et qui permettent et exigent même les défoncements et les binages.

Les défoncements ont été extrêmement pénibles dans ces terres, qui n'avaient jamais été labourées à plus de 10 à 12 centimètres, et dont une grande partie, surtout le Soreux, le Quesnoy et les Vingt-Quatre, étaient formés d'un sol argilo-siliceux reposant sur un pouding de silex serrés et presque impénétrables. Partout les défoncements ont été faits à quatre chevaux et avec les charrues les plus énergiques ; j'ai même inventé pour ces terres un instrument tout spécial que je décrirai plus tard, et qui est si solide et produit de tels effets, que mes domestiques l'ont surnommé *Lucifer*. Il y a certaines terres, où il m'a fallu passer six ou huit fois l'une après l'autre, avec des femmes ramassant derrière les défonceurs les cailloux soulevés par eux, avant d'avoir 15 centimètres d'enterrure ; dans d'autres pièces, j'ai pris le parti d'exploiter les mines de silex qu'elles contenaient. Après les défoncements, je fumais et je plaçais des racines, et enfin j'adoptai l'assolement suivant :

Premier assolement.

1re ANNÉE.	2e ANNÉE.	3e ANNÉE.	4e ANNÉE.	5e ANNÉE.	6e ANNÉE.	7e ANNÉE.
Défoncement Fumure. — Racines.	Céréales de mars.	Trèfle.	Guano. Tourteau. — Céréales d'hiver.	Demi-fumures. — Divers.	Céréales d'hiver et hivernage.	Prairies.
Betteraves. Carottes. Pommes de terre. Récoltes vertes, suivies de Choux à vaches.	Avoine. Blé de mars. Orge.	Trèfle.	Blé. Seigle.	Colza. Œillette. Fèves. Scourgeon.	Blé. Hivernage. Wateries.	Luzernes rentrant dans l'assolement par l'avoine, et quelques prairies dans le parc.

Pour soutenir cet assolement, j'achetais chaque année une assez grande quantité d'engrais pulvérulents : du guano et du tourteau.

Annexion d'une sucrerie.

Ce mode de culture m'a bien réussi jusqu'au moment où j'ai joint, en 1857, une sucrerie à mon domaine. Alors, toutes mes conditions ont été modifiées, et après y avoir bien réfléchi, voici les considérations qui m'ont frappé et le nouveau but que je me suis proposé.

Conséquences et plan nouveau.

Ma sucrerie exige des transports considérables qui, souvent, ne souffrent pas de retards, quelque mauvais temps qu'il fasse ; et dans ces cas urgents, il faut que je ne sois pas à la merci des cultivateurs qui, en temps ordinaire, me font à forfait une partie des transports de charbon ; il me faut donc, dans l'intérêt de ma sucrerie, plus d'attelages que n'en exigerait ma culture.

Mais comme leurs travaux doivent être payés dans la comptabilité au prix de ceux des cultivateurs du pays qu'ils remplacent, j'ai entrevu pour ma culture une source sérieuse de bénéfices dans cette spéculation de transports faits à ma porte, employant mes animaux, sans *jamais laisser un jour de chômage,* et répartis en général aux moments où la culture n'a pas besoin des attelages. Mais la conséquence de cette nouvelle condition est qu'il me faut plus d'avoines et de fourrages.

La sucrerie m'amène naturellement à cultiver plus de betteraves, et par suite, à avoir beaucoup de pulpes, et en automne beaucoup de collets et de feuilles à faire consommer ; d'où il résulte pour moi que la spéculation de l'engraissement des races bovine et ovine est toute indiquée.

Voici l'ensemble des conclusions que j'en ai tirées.

Voiturier de ma sucrerie, il me faut beaucoup d'avoine et de fourrages ; je serai donc mon propre marché pour ces produits.

Nourrissant tout mon monde, ce qui est une condition absolue, dans notre pays, d'un peu d'attachement et de régularité chez nos domestiques, il me faut consommer notablement de blé pour leur pain et leurs gages, et de scourgeon pour leur bière ; je serai donc mon propre marché pour ces produits.

Ayant beaucoup de pulpes, de collets et de feuilles de betteraves, je dois me livrer à la spéculation de l'engraissement. Fallait-il acheter des animaux maigres ?

Mais je me suis créé depuis vingt ans une excellente race de moutons. Je me suis également créé une race de bêtes à cornes parfaitement appropriée à mon sol ; j'ai aussi une belle race de porcs. Enfin, la division de mes écuries par attelages me permet d'avoir des juments ; mes prairies, dans le parc, m'ont donné la facilité d'y avoir des pâlis et des hangars pour des poulains. J'ai donc préféré élever toutes mes races : chevaux, bêtes à cornes, porcs, moutons, sauf un deuxième troupeau d'engraissement, auquel j'ai même renoncé bientôt pour les raisons que je donnerai plus tard.

J'y trouve les avantages suivants : pour mes chevaux, de n'avoir pas à courir sur les marchés, où on est trompé trois fois sur quatre, et d'avoir des animaux doux et acclimatés ; pour les bêtes à cornes, de n'avoir pas à faire venir des bœufs de 300 kilomètres, car dans notre Nord on n'élève pas de bœufs, et surtout de ne pas courir les chances des maladies qu'ils m'apporteraient; pour la race ovine, je pouvais me contenter d'acheter et d'engraisser des moutons picards, qui sont une bonne race : mais j'étais si content de celle que j'avais formée, que j'ai conservé un troupeau d'élevage, tout en ayant un second troupeau d'engraissement séparé. En résumé, j'ai voulu élever chez moi toutes les races d'animaux qui y entrent, et les améliorer.

Mais il en résulte que j'ai énormément d'animaux pour lesquels il faut énormément de nourriture et de paille. J'ai donc renoncé aux colzas, aux œillettes, aux lins, etc., pour les remplacer par des carottes, des pommes de terre et des fourrages qui sont consommés dans la ferme.

Et alors, *en fin de compte*, les produits de ma culture se résument ainsi :

En ventes de bestiaux gras;

En ventes de betteraves à ma sucrerie;

En ventes de blé et d'avoine à ma maison, et de blés de semence au marché de Cambrai;

En transports payés par ma sucrerie.

Et en définitive, comme les betteraves de ma culture sont converties en sucre par ma sucrerie; comme les blés et les avoines consommés par ma maison sont livrés sur place sans frais de transport; comme je vends mes bestiaux au poids, d'après ma bascule, *pris chez moi;* comme je puis, sans perte, tirer, au moyen du trieur Pernolet, bon parti, dans ma consommation, des blés moyens extraits des blés de semence qui sont vendus directement aux cultivateurs pour semailles, et qui sont très-recherchés pour les raisons que j'expliquerai plus tard, il en résulte que *je me débarrasse presque entièrement de tout intermédiaire,* que j'économise pour mes produits presque tous les frais de transports, et que le résultat de l'ensemble de mes opérations agricole et industrielle se résume en vente de produits *complets,* la *viande,* le *sucre,* les *blés de semence.*

Nouvel assolement.

Une fois ce plan et ces conséquences bien établis dans mon esprit, j'ai arrêté l'assolement suivant :

1re ANNÉE. —	2e ANNÉE. —	3e ANNÉE. —	4e ANNÉE. —	5e ANNÉE. —	6e ANNÉE.	7e ANNÉE.	Hors de rotation.
Défoncement Fumure. — Racines.	Céréales de mars.	Trèfle.	Parcages. Guano ou Tourteau. — Céréales d'hiver.	Défoncement Fumure. — Racines.	Ces deux soles divisées comme ci-dessous.		— Prairies.
Betteraves. Carottes. Pommes de terre. Fourrages verts, suivis de Choux à vaches.	Avoine. Blé de mars. Orge.	Trèfle.	Blé. Seigle.	Betteraves. Carottes. Pommes de terre. Fourrages verts, suivis de Choux à vaches.	Blé. Scourgeon. Fèves. Waterics.	Hivernage. Blé.	Luzernes. Foins du parc sur prairies irriguées.

Dans les terres hors de rotation, j'ai beaucoup augmenté l'étendue et surtout le rendement de mes prairies du parc, dont les produits ont plus que doublé, par suite des irrigations faites avec les eaux de la sucrerie, ainsi que cela sera expliqué plus loin. Tel est le nouveau plan, telles sont les bases d'opération que j'ai adoptés depuis

1857. J'ai pu, par suite, avoir beaucoup plus de bestiaux, et leurs engrais, joints à ceux de plusieurs sortes que j'ai retirés de ma sucrerie, m'ont permis en quelques années de rendre excellentes les terres mauvaises et ingrates dont j'ai formé mon exploitation ; dégagées des difficultés d'acquisition de bestiaux, de ventes nombreuses et difficiles, mes opérations ont été très-simplifiées et plus certaines.

Capital d'exploitation.

Depuis trente ans que j'ai une culture, j'avais, je l'avoue, jusqu'en 1858, laissé ces comptes mélangés à ceux de ma fortune et de ma maison ; mais en 1858, j'ai établi, pour ma ferme comme pour ma sucrerie, une comptabilité en partie double.

J'ai formé mon capital par l'inventaire de 1858, qui s'est élevé à 122,982 fr. 26, soit pour 116 hectares 36 ares 75 centiares que je cultivais alors, à 1,056 fr. par hectare.

Les années suivantes, jusqu'à 1863 inclus, voulant donner à ma culture un capital de roulement qui rendît plus libres ses allures, j'ai laissé les résultats de chaque inventaire au profit ou à la charge du capital. J'étais d'ailleurs d'autant plus encore dans une période de sacrifices, que j'ajoutais chaque année à ma culture des terres en mauvais état qui me venaient d'acquisitions, ou de morts et de départs de fermiers. C'est ainsi que de 116 hectares en 1858, ma culture s'est élevée en 1864 à 128 hectares, et le 1er juillet de cette année, le capital s'élevait à 155,926 fr. 34, soit 1,219 fr. 34 par hectare ; le capital avait donc augmenté de 32,944 fr., c'est-à-dire de l'ensemble des bénéfices depuis 1858.

Alors j'ai pensé que le capital était arrivé à un chiffre suffisant : je lui ai constitué ladite somme de 155,926 fr. 34 d'une manière permanente, et, pour l'avenir, j'ai attribué les bénéfices, comme le fermage, à ma *caisse générale,* titre que, dans mes diverses comptabilités, je donne à l'ensemble des revenus de la terre.

J'avais lieu de compter sur des bénéfices ; cependant il fallait prévoir de mauvaises années et des pertes; et pour ce cas, qui heureusement ne s'est plus présenté, j'ai établi que les pertes seraient constituées comme une dette de la ferme à la caisse générale, et portées au compte débiteurs et créditeurs divers, pour être soldées par le compte bénéfices au premier inventaire heureux; tout était donc prévu par cette nouvelle mesure.

En 1864 et 1865, j'ai encore augmenté ma culture, qui s'élève aujourd'hui à 140 hectares 80 ares 92 centiares.

Le capital est resté le même et a largement suffi; il est donc encore aujourd'hui de 155,926 fr. 34, soit de 1,107 fr. par hectare.

Fermage.

Comme j'ai composé ma nouvelle culture en 1850, en même temps que je réorganisais toutes mes terres louées, j'ai dû prendre pour base du fermage à imposer à ma culture celui que je demandais à mes fermiers en même temps : c'était traiter ma culture très-rigoureusement, puisque, d'après ce que j'ai dit, elle était dans une situation bien plus difficile qu'aucun de mes fermiers.

J'ai déjà dit que les terres de ma culture sont divisées de la manière suivante :

1re classe............	3 hect.	72 ares	91 cent.
2e classe............	28	56	43
3e classe............	68	79	59
4e classe............	21	92	32
5e classe............	17	79	67
Total.......	140 hect.	80 ares	92 cent.

La moyenne de ces terres est donc un peu au-dessous de la troisième classe.

D'un autre côté, j'ai dit à l'article des terres louées que pour aider les cultivateurs, après leur avoir fixé un taux normal, je leur avais passé un bail progressif donnant au bout de douze ans, en définitive, un total de douze fermages au taux normal.

Ces prix normaux étaient établis ainsi :

1re classe...............	90 fr. l'hect.
2e classe...............	81 —
3e classe...............	72 —
4e classe...............	63 —
5e classe...............	54 —

Eh bien! le fermage de ma culture dû à ma caisse générale est en 1866 de 11,501 fr., y compris l'impôt, pour 140 hectares 80 ares 92 centiares, soit à raison de 81 fr. par hectare; c'est-à-dire que ma culture paie à ma caisse générale le fermage que payaient les terres louées de la deuxième classe, tandis que la moyenne des terres de ma culture est au-dessous de la *troisième classe*.

Certes, j'ai été sévère pour ma culture; mais j'ai voulu

que mon entreprise n'eût aucune faveur, et j'ai tenu compte des bâtiments de ma ferme.

Aujourd'hui, comme je l'ai dit plus haut, les résultats et le succès sont complets, et mon intention est d'augmenter le fermage de ma culture. Je n'ai pu le faire plus tôt, à cause des adjonctions considérables que j'ai faites de terres qu'il fallait remettre en bon état au moyen de sacrifices, et qui se sont élevées, comme on l'a vu, à 24 hectares 44 ares 17 centiarcs, de 1858 à 1865.

BATIMENTS.

Les granges, les greniers au grain et la vacherie sont d'anciens bâtiments que j'ai conservés, mais dont j'ai changé les dispositions; tous les autres bâtiments, les terrassements et les pentes pour l'écoulement des eaux, la fosse à fumier, etc., sont mon œuvre.

J'ai eu des obstacles à surmonter : j'étais coupé en deux par une rue dont j'ai pu obtenir la suppression ; il m'a fallu profiter de chaque mètre de terrain, resserré que je suis entre la route de grande communication et l'entrée de mon habitation. Mais dès 1840, j'avais arrêté un plan général que j'ai suivi pas à pas, et que j'ai terminé en 1860.

J'ai cherché à obtenir un ensemble qui rendît d'un coup d'œil la surveillance facile.

Un bâtiment placé au fond de la cour, et duquel on

l'embrasse en entier, contient le bureau, le logement du régisseur, celui de l'économe et la salle des repas des domestiques.

La forge est à l'entrée, de sorte que pendant le jour, le forgeron sert de concierge ; les écuries, les bergeries et les bouveries sont sous les yeux du régisseur et de l'économe. Au milieu de la cour, un grand hangar d'un accès et d'une sortie faciles pour les chariots, et sous lequel ils sont amenés, attelés de cinq chevaux et chargés de sucres, pour passer à l'abri la nuit qui précède leur transport ; les greniers près des granges ; la machine à battre dans la grange avec sa petite machine à vapeur extérieurement; la vacherie avec les étables à veau formant un établissement pour les vaches, avec sa chaudière pour les breuvages, tout contre la mare ; enfin, de l'autre côté de la rue et près de l'usine et des silos de pulpe, la basse-cour pour les bœufs et les moutons d'engraissement, les bêtes à cornes de un à deux ans, et le deuxième troupeau d'élevage.

Je me suis préoccupé des pentes et de l'écoulement des eaux ; toutes les pentes des cours ont été calculées et créées de manière à amener directement et rapidement aux mares les eaux pluviales, sans que jamais elles puissent arriver aux fumiers, ni se charger de matières putrescibles ; de sorte que, quelques minutes après les plus fortes pluies, la cour est nette et propre commme les rues de Paris. La fosse à fumier est parfaitement garantie de toute invasion des eaux pluviales ; enfin toutes les urines des écuries sont précieusement recueillies dans trois grandes citernes.

De ce plan d'ensemble, je passe à la description de chaque bâtiment.

Fosse à fumier.

Je commencerai par ma fosse à fumier, avant d'entrer dans les bâtiments. Elle a eu la première prime à l'Expo-

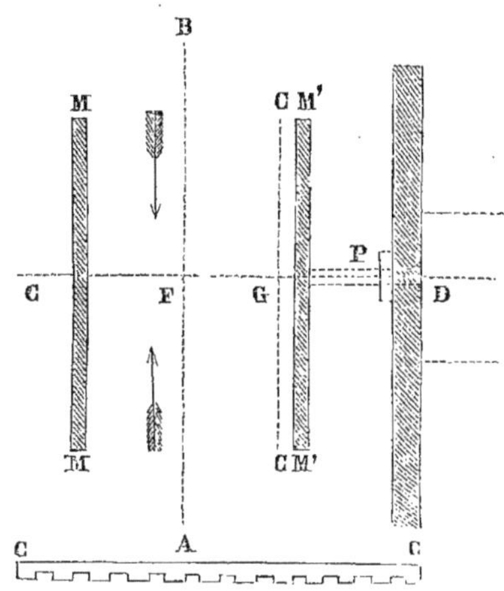

Coupe suivant AB.

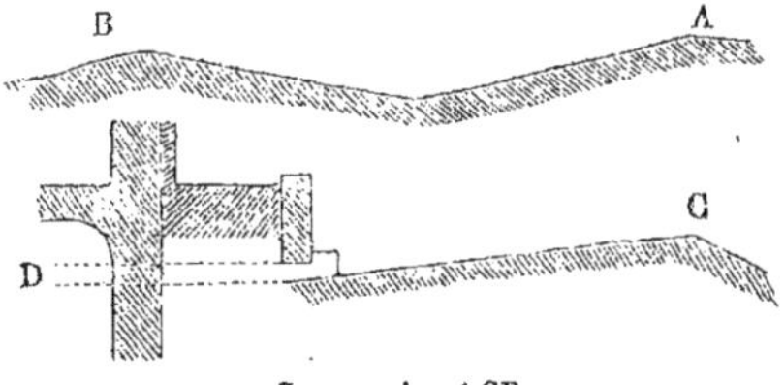

Coupe suivant CD.

Fig. 1. — Fosse à fumier.

sition universelle de 1855, à Paris, et elle a été décrite dans tous les journaux agricoles. Je glisserai donc sur sa construction. Établie entre deux petits murs MM, M'M' à fleur de terre, elle a deux pentes en forme de toit renversé, aboutissant à une arête F, laquelle a elle-même une pente vers G; le long du mur M'M', et au fond de la fosse est placé un conduit CC formé de deux planches, l'une horizontale et l'autre verticale, cette dernière dentelée dans sa partie inférieure ; en G, une grille forme l'entrée d'un conduit aboutissant à la citerne D.

Lès fumiers sont facilement tirés dans la fosse : étant renfermés entre les deux petits murs, ils forment un véritable tas présentant peu de surface à l'évaporation, et sont agglomérés dans un petit espace, au lieu de remplir toute la cour ; ils sont préservés de toute invasion des eaux par des rebords qui les arrêtent et les dirigent par des conduits dans la mare ; ils sont arrosés par une pompe aspirante et foulante en P, qui plonge dans la citerne, et l'excédant des urines y revient facilement au moyen du conduit CC, qui fait l'office d'un drainage, de sorte que ces engrais restent humides sans être dans l'eau. Enfin, par les deux pentes, les chariots entrent et ressortent facilement, après avoir été immédiatement chargés sur le tas lui-même. Cette fosse présente donc une grande économie de main-d'œuvre pour l'entrée et la sortie des fumiers, peu de pertes par l'évaporation, et de grands avantages pour le traitement et la conservation de ces précieux engrais.

Aération et sol des bâtiments.

Pour tous mes bâtiments, j'ai adopté une disposition uniforme pour l'aération et pour le sol.

Pour l'aération, des cheminées placées dans la partie supérieure des voûtes flamandes ou des couvertures, vont sortir contre le faîte du toit; elles y forment un petit pavillon carré avec un toit et des persiennes sur chaque face, de manière que, de quelque côté que vienne le vent, il forme toujours un courant d'air qui aide l'aération. Dans l'intérieur des écuries voûtées, ce courant supérieur, qui entraîne l'air le plus chaud sans se faire sentir sur les animaux, suit des conduits en bois, enduits d'une légère couche de mortier, qui relient l'ouverture de la voûte au pavillon sur le toit, en traversant les greniers, sans y répandre aucune émanation.

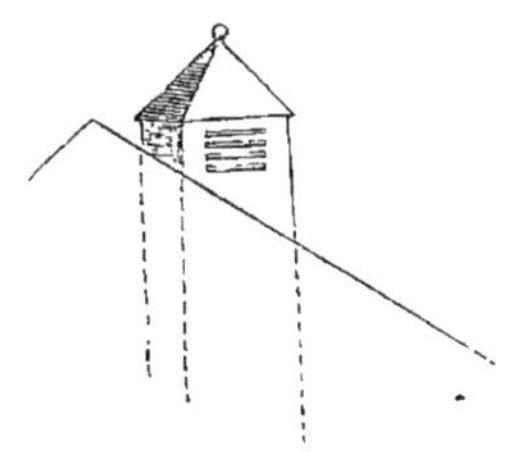

Fig. 2. — Pavillon d'aération.

Quant au sol de mes écuries et étables, chacun sait que l'urine fraîche ne répand point de miasmes nuisibles ; c'est lorsqu'elle est décomposée que l'on sent une odeur piquante d'ammoniaque ; c'est surtout dans les joints des briques ou des pierres que de vieux liquides décomposés séjournent en permanence et deviennent infects. Pour éviter ces inconvénients, après avoir établi tout le sol de mes bâtiments en briques de champ bien dures, posées à mortier bien bavant de chaux et de cendres de houille pour les chevaux et les bêtes à cornes, et en pierres du pays à plat pour les porcs, je fais soigneusement réparer tous ces joints avec du ciment de Vassy ou de la chaux hydraulique de Saint-Quentin ; ces joints sont parfaitement lisses et presque indestructibles ; ils sont facilement lavés et balayés ; ils servent même au facile et prompt écoulement des liquides, et jamais on ne voit, dans mes bâtiments, ces antres de vermine et d'infection que le balai ni les lavages ne peuvent atteindre.

Citernes à purin.

J'ai trois citernes à purin. (*Voir le plan des bâtiments.*) Dans toutes mes écuries, j'ai établi des pentes pour amener les liquides à une grille qui forme l'entrée d'un petit puisard, qui se déverse dans un conduit souterrain c tracé extérieurement et parallèlement aux bâtiments, et qui, après avoir recueilli les liquides de chaque écurie ou étable G, les déverse à la grande citerne C la plus proche; il en est de même pour l'écoulement des eaux pluviales. Les conduits souterrains qui amènent les eaux pluviales à la mare, ou les urines aux citernes, ont donc fixé mon attention.

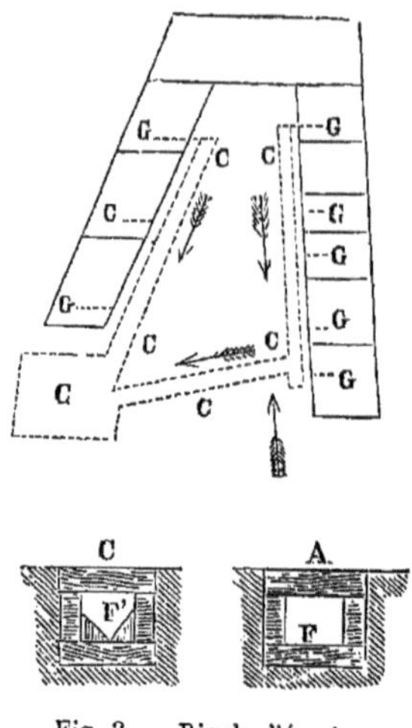

Fig. 3. — Rigole d'écurie.

Conduits souterrains des liquides.

On leur donne en général la forme ci-contre A. S'ils ne servaient qu'à des eaux limpides, ou si l'écoulement était très-rapide, elle pourrait suffire. Mais les eaux pluviales des cours, et surtout les urines, sont toujours troubles; et ces derniers liquides, venant des étables, ne coulent jamais qu'en très-petite quantité à la fois et lentement. Alors, sur la partie plate F du fond, il se forme promptement des dépôts, qui bientôt relèvent et bouchent même les conduits. J'ai donné au mien la forme ci-contre en C, en remplissant les angles avec de petits morceaux de briques, formant avec du bon mortier du béton, et reparant et lissant avec un mélange de ce mortier et de chaux hydraulique ou de ciment de Vassy; ce travail est bien peu de chose, et il change complètement les petits conduits. Une quantité de liquide, qui sur la partie plate F coulait à peine et laissait facilement reposer les dépôts, forme un véritable courant dans l'angle F' du fond, et, sur les pentes raides des deux côtés, les dépôts ne trouvent aucun point où ils puissent se reposer et se durcir. Enfin, le moindre lavage forme un courant si rapide qu'il entraîne tout.

A chaque changement sensible de direction du petit égout collecteur, j'ai évité les parties circulaires qui reçoivent presque toujours des dépôts; pour cela, j'y place un puisard P, plus profond que le conduit, dans lequel le liquide s'éclaircit, et que l'on vide, au moyen d'une cuiller à pot, en levant la pierre qui le recouvre; c'est alors de ce puisard que repart la nouvelle direction *d'* en ligne droite.

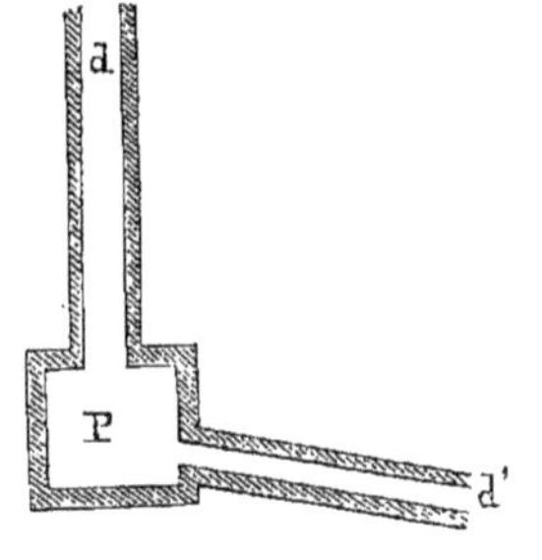

Fig. 4. — Puisard.

Ce détail n'est pas inutile ni oiseux, car l'étude des conduits souterrains dans une bonne organisation agricole a son importance, si l'on ne veut pas être sans cesse obligé d'aller ouvrir des tranchées pour déboucher les conduits d'écoulement qui ne fonctionnent plus.

Je passe à la description successive des bâtiments.

Écuries.

La plupart des cultivateurs tiennent à avoir une longue et vaste écurie qui montre d'un seul coup d'œil toute la richesse de leurs attelages.

Je me suis avant tout préoccupé du bon entretien de

mes chevaux, des moyens de développer pour eux l'attachement et l'amour-propre de leurs conducteurs, et de saisir facilement les négligences et les méfaits de tout genre sur les animaux et sur les harnachements. Pour y arriver, j'ai divisé mes écuries *par attelage*. (Le chariot flamand, et par conséquent l'attelage, est de quatre chevaux.) Chaque homme étant chargé de quatre chevaux, chaque écurie est donc construite pour un conducteur et ses quatre chevaux; elle contient le lit L, sous lequel est le coffre à avoine et à coupage, dont le conducteur et le garçon de cour qui fait les rations, ont seuls la clé; les porte-harnais P, l'armoire qui renferme les seaux, étrilles, brosses, fourches, etc., numérotés. Chaque cheval B C a sous sa mangeoire son bac B toujours plein d'eau, dans lequel il boit lorsqu'il a soif.

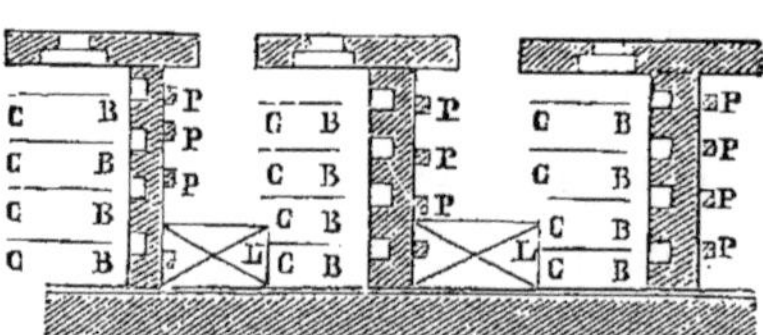

Fig. 5. – Dispositions des écuries.
L, lit de varlet. BC, chevaux.
B, bacs à eau. P, porte-harnais.

J'ai trouvé à cette organisation de mes écuries de très-sérieux avantages : chaque attelage est isolé et soigné séparément, et c'est ainsi que je puis avoir des juments. Chaque attelage est nourri suivant sa force : si un cheval se détache la nuit, il ne va pas trouver un cheval qu'il ne connaît pas et se battre avec lui; les compagnons journaliers de travail sont pacifiques entre eux; les varlets (nom donné dans le Nord de la France aux laboureurs de ferme) ne se volent pas l'avoine et le fourrage entre eux, et ne rejettent pas l'un sur l'autre la responsabilité des désordres de l'écurie; leur propre responsabilité est évidente, saisissable à chaque instant, et s'étend à tout le détail de leur service, écurie, chevaux, harnais, ustensiles. J'ai obtenu d'excellents résultats de cette organisation; j'ai développé l'amour-propre et l'affection pour leurs animaux chez les plus médiocres varlets, et tandis que les cultivateurs du pays en changent presque chaque année, depuis douze ans pas un ne m'a quitté, et je n'ai eu à en renvoyer qu'un seul. Je ne saurais donc trop me louer de cette mesure.

Mais elle m'a nécessité autant de séparations que d'attelages; les bergeries, les bouveries d'engraissement, les écuries des poulinières, les porcheries surtout, exigent aussi beaucoup de séparations intérieures qui, tout en présentant une grande résistance aux efforts des animaux, doivent prendre le moins de place possible. On comprend, en effet, que ces séparations, souvent répétées, perdraient une place énorme ou forceraient à des bâtiments bien plus considérables, si elles étaient faites dans les dimensions des murs ordinaires. Toutes nos constructions sont en briques. Un mur d'une brique ne présenterait aucune solidité : il faudrait une brique et demie par boutisses et panneresses; mais alors cette construction aurait 37 centimètres d'épaisseur; et si, par exemple, dans ma porcherie, où j'ai cinq cases de chaque côté, on avait fait quatre pareilles séparations, elles auraient pris à elles seules près de 1^m^ 50 de longueur de bâtiment. Voici la construction que j'ai employée pour toutes mes séparations intérieures. Pour mes écuries, les mangeoires forment naturellement le soubassement; pour les porcheries et les bouveries, là où la séparation doit plonger dans la litière, j'établis, debout et encastrées dans le pavage du sol, des dalles D de pierre de 10 à 12 centimètres d'épaisseur, et de 50 à 60 de hauteur. Ces dalles, faites de la pierre du pays, qui est mauvaise à l'extérieur, mais très-bonne à l'intérieur, coûtent fort bon marché. Sur ces dalles, et dans le sens des séparations, je place une traverse T en chêne de 9 à 10 centimètres d'épaisseur, qui s'encastre par les deux bouts dans les murs; au-dessus de chaque dalle, je perce à la tarelle, dans la traverse, un trou que je prolonge de 3 à 4 centimètres dans la dalle, puis j'y enfonce une cheville C que je scelle au plâtre. Toutes les dalles sont ainsi reliées à la traverse et entre elles, et ne forment plus qu'un corps. A la hauteur que je veux donner à ma séparation, je place une seconde traverse T' fixée comme la première, puis je relie les deux traverses horizontales par des montants verticaux M espacés d'environ 1 mètre, et de 5 centimètres d'épaisseur, qui n'ont besoin d'être rabottés ou plutôt planés que sur leurs deux faces extérieures, et qui peuvent être du bois le plus médiocre. Sur ces montants et sur l'une des faces de la séparation, je cloue horizontalement des feuillets de bois blanc ou de sapin (le feuillet est la planche la plus mince), en les faisant joindre l'un contre l'autre; je goudronne la face intérieure de ces planches, puis j'appuie contre elles, en remplissant l'intervalle des montants, un mur d'une brique *de champ* à mortier bien bavant. La brique de champ ayant 5 centi-

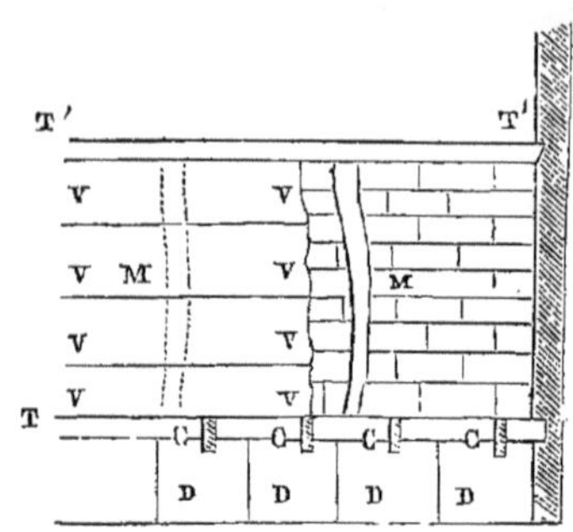

Fig. 6. — Murs de séparation.

mètres d'épaisseur, remplit facilement et complètement, avec le mortier dont j'enduis légèrement sa face, l'épaisseur des montants; enfin je ferme la seconde face des séparations par une seconde rangée de feuillets ou voliges v clouées comme les premières. J'ai alors un mur de 9 à 10 centimètres d'épaisseur seulement, dont le soubassement en pierres ne craint pas le contact du fumier, et dont la partie supérieure pleine, compacte, avec une certaine élasticité, parfaitement reliée aux murs principaux, présente une solidité extraordinaire. C'est, sur chaque séparation, qu'il aurait fallu faire d'une brique et demie, une économie de 27 à 28 centimètres; c'est, pour ma porcherie, une économie de 1m 08 à 1m 12 de longueur du bâtiment tout entier, ou une augmentation intérieure d'espace du double, à cause des deux rangées.

Vacheries et bouveries.

Pour tous les animaux de l'espèce bovine, j'ai adopté les litières permanentes dont je parlerai plus tard. La place des litières L est en contre-bas de 25 à 30 centimètres; une grille coudée ABC sert à l'écoulement des liquides par le conduit souterrain C, dans sa partie verticale AB, tant que la litière est en contre-bas du trottoir, et dans sa partie inclinée BC, lorsque la litière commence à remplir le creux.

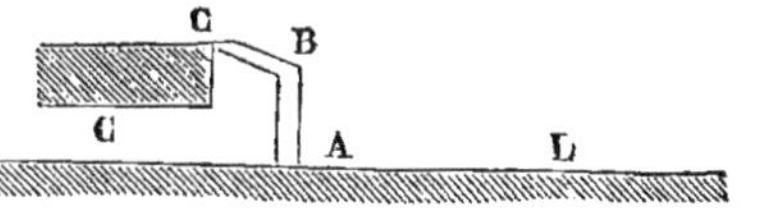

Fig. 7. — Dispositions des litières des vacheries.

Chaque animal est séparé de son voisin par une pierre debout avançant de 20 centimètres environ sur la mangeoire; les bacs formant mangeoires sont avancés de

50 centimètres environ sur le râtelier. J'ai adopté cette disposition, parce que la bête à cornes tirant toujours le fourrage du râtelier, le jetait sous ses pieds, où elle en gâtait beaucoup. Maintenant, c'est dans la mangeoire qu'elle le tire et le mange. Cette disposition prend, il est vrai, un peu plus de place, mais me paraît nécessaire.

J'ai hésité longtemps entre la disposition qui consiste à donner à manger aux animaux par un couloir du côté de la tête, avec un très-petit couloir intérieur ne servant qu'au service du bouvier et au fumier, et le système des bouveries doubles, avec un large et unique corridor de service entre les deux rangs.

Dans le premier système, c'est le couloir entre les têtes des animaux qui est propre, et les couloirs de derrière sont toujours très-sales; c'est cependant par le couloir de derrière que se fait tout le service pour la traite du lait, pour le pansage des animaux, etc., et c'est toujours par ce côté, et non par les têtes, que le maître et les connaisseurs feront leurs visites. J'ai préféré le système des deux rangs dos à dos separés par un couloir de 1 mètre 50 centimètres, qui est parfaitement propre, garanti qu'il est des liquides par un léger bombement et les deux rigoles de côté. Une seule lanterne placée dans le milieu éclaire toute ma vacherie. On y dépose facilement les seaux pendant la traite, et, d'un seul coup d'œil, le maître voit tous ses animaux. Il n'y a que l'inconvénient, pour le vacher, de passer entre les animaux pour leur donner leur nourriture; mais il y passe déjà nécessairement pour tout le service de la traite et du pansage, et l'animal, qui connaît son vacher et qui est pressé d'avoir sa pitance, se range de lui-même en léchant son gardien dès qu'il l'approche.

J'ai donc adopté le système des bâtiments doubles et le système des animaux dos à dos pour mes vaches et mes jeunes bœufs d'élève ; mais il n'en a pas été de même pour mes bœufs de travail et pour mes bœufs à l'engrais.

Pour les premiers, je les place comme mes chevaux, par attelage et par gardien. D'ailleurs, comme je fais travailler mes taureaux, et que parfois ils prennent une haine l'un contre l'autre, il faut que je puisse les séparer.

Il en est de même pour les bœufs à l'engrais. Ils doivent, surtout à la fin de l'engraissement, être très-tranquilles. J'ai donc pour eux de petites étables séparées, fermées, et dont le gardien a toujours la clé sur lui.

Pour les veaux, j'ai une petite étable qui leur est spéciale : dans un premier compartiment, les jeunes veaux sont en liberté jusqu'à trois et quatre mois ; à côté sont attachés les veaux de quatre mois qui reçoivent des breuvages ; les femelles passent ensuite dans la vacherie, et les mâles dans la bouverie d'élèves. Contre cette étable des jeunes veaux, et y attenant, sous un toit avancé en plate-forme, est la cuisine du vacher, avec sa chaudière, ses cuviers, et sa pompe dans la mare. Cet établissement n'étant enfin qu'à 15 mètres de la vacherie, est bien placé pour son service, et les veaux n'ont pas loin pour aller téter leur mère, à laquelle ils courent dès qu'on les lâche.

Bergeries.

J'ai deux bergeries séparées ; l'une pour l'ancien troupeau, l'autre pour un troupeau nouvellement formé ; toutes les deux sont établies de même. Elles sont divisées, soit par des râteliers doubles, soit par des séparations dont j'ai donné plus haut le détail; au centre, sont de petites cases pour les béliers, séparés suivant leur âge, et pour les agneaux retardataires et souffrants.

Toutes les fenêtres sont garnies de persiennes mobiles, que l'on ouvre plus ou moins pour diminuer ou augmenter le courant d'air avec les cheminées d'aération. L'appui de ces fenêtres est à 1 mètre 20 centimètres du sol, afin que le courant passe au-dessus des animaux.

Les râteliers R sont mobiles, de manière à pouvoir glis-

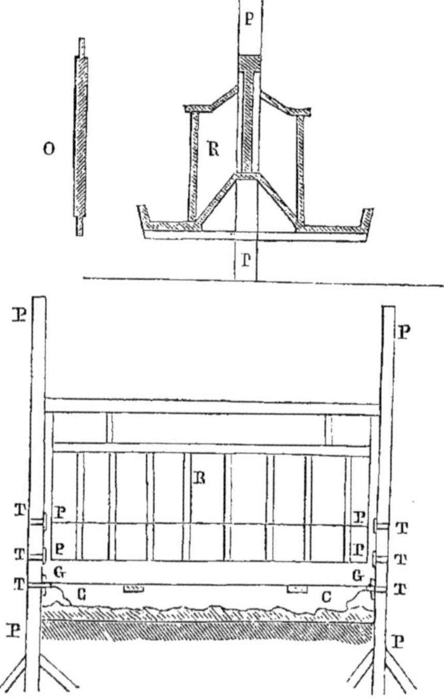

Fig. 8. — Râteliers des bergeries.

ser entre des poteaux à coulisses P qui les retiennent, et

être relevés, au fur et à mesure de l'élévation du fumier, au moyen de goujons en fer G fixés par une chaîne C, et entrant dans des trous T étagés, et consolidés par une petite plaque en tôle P qui préserve le bois. (Voir la figure 8 ci-contre.) Les barres du râtelier étant verticales, la poussière du fourrage ne retombe pas sur le cou des moutons, et ne leur donne pas de démangeaisons, comme les râteliers inclinés en avant. Le petit toit intérieur ramène toutes les graines dans la mangeoire qui est placée en avant et que le berger peut nettoyer sans obstacle, ce qu'il ne saurait faire pour les mangeoires ordinaires, qui sont en arrière du râtelier.

Donnant à mes moutons beaucoup de racines et de pulpes, je voyais promptement pourrir le petit toit, le fond de la mangeoire, et surtout le bout des bâtons des râteliers enfoncés dans la mangeoire, et qui conservaient l'humidité sans jamais sécher dans cette partie intérieure. Pour y remédier, j'ai garni de zinc toutes ces parties du râtelier, et pour préserver les mortaises dans lesquelles viennent se loger les bâtons, je fais faire en face de chacune, et à l'emporte-pièce dans la garniture en zinc, un trou plus petit, dans lequel le tenon du bâton O est enfoncé *à force,* le collet du tenon faisant recouvrement, de manière que l'humidité ne peut plus pénétrer. J'ai obtenu ainsi des mangeoires extrêmement solides, quoique encore assez légères. Le zinc est peint avec soin pour éviter l'oxydation.

Les portes des séparations intérieures des bergeries sont à coulisses, comme les râteliers, et s'ouvrent verticalement, pour n'être pas gênées par l'élévation du fumier.

Les portes d'entrée de chaque bergerie ont 2 mètres 50

de large; elles sont à deux battants et se rabattent extérieurement contre les murs, en tournant sur des gonds coudés. Cette largeur permet de faire entrer les voitures dans les bergeries, afin d'y charger directement le fumier qui est suffisamment fait. Elles donnent une large issue aux animaux lorsqu'ils se précipitent pour sortir et entrer, et évitent bien des accidents chez les brebis pleines. Mais lorsque le berger entre dans la bergerie, ou lorsqu'il veut faire rentrer les animaux un à un pour les trier ou les compter, il se sert d'une petite porte percée dans un des battants de la grande, et qui a un volet par lequel on peut encore examiner la bergerie sans y entrer.

Pour compléter cet exposé du mobilier des bergeries, j'indiquerai la forme des bacs qui servent à donner la pulpe, le tourteau et le grain aux moutons dans les champs.

Le mouton, si on n'y prend garde, en fouillant dans sa nourriture pour chercher les parties les plus délicates, la répand bientôt à terre. La traverse T l'en empêche; mais le berger est toujours tenté de prendre le bac par cette traverse, qui est promptement déclouée. J'ai donc cherché une combinaison pour la rendre extrêmement solide. Je plie en ATB un petit morceau de cerclain en fer ou de zinc, que je cloue en A sur le bout du bac, et en B sur la traverse. Ce lien agissant dans le sens de sa longueur, est très-solide; mais la traverse ploierait promptement si elle n'était consolidée par le milieu. J'y place un petit support S relié de la même manière à la traverse; je l'enfonce dans le fond du bac, en ayant soin de lui laisser un collet C servant de recouvrement à la mortaise, pour empêcher l'humidité d'y pénétrer. Le support sert de point d'appui de haut en bas à la traverse; mais il faut encore qu'il résiste de bas en haut pour soulager la traverse, lorsque le berger la prend pour élever le bac. Pour cela, je taille le bout du montant en bizeau dans la mortaise, qui elle-même est élargie par dessous; je bouche le vide en y enfonçant un goujon G taillé en bizeau également et frappé solidement; puis je relie le bizeau du montant et le goujon par un long clou D enfoncé obliquement, et alors le montant est inébranlable. Par ces petits soins peu coûteux, je suis parvenu à rendre très-solides ces bacs ordinairement si fragiles.

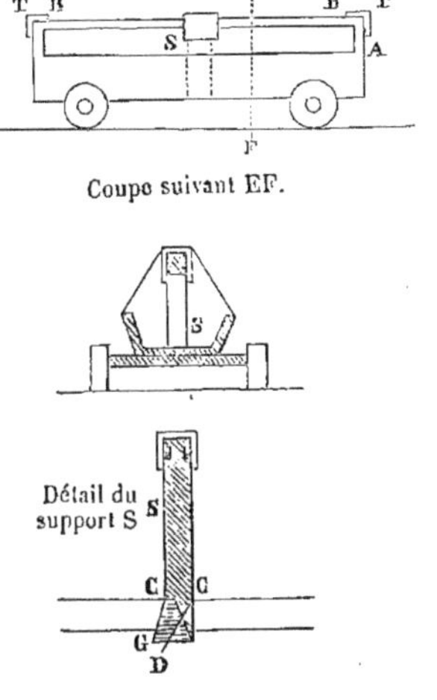

Fig. 9. — Bac à pulpe.

Porcherie.

Ma porcherie forme un bâtiment carré entre deux cours. Elle est partagée en deux par un couloir; à droite et à gauche sont les cases. Des deux côtés du couloir sont des rigoles qui reçoivent les liquides qui sortent directement de chaque case, et les déversent dans une grande citerne. L'écoulement de ces liquides doit préoccuper à cause de la grande quantité qu'en produisent les porcs. Pour qu'ils s'écoulent rapidement, j'ai donné à chaque case une pente séparée et une sortie directe par dessous la porte, qui, tout exprès, ne joint pas le sol.

Les bacs pour la nourriture des animaux donnent sur le

couloir, et s'ouvrent et se ferment par des portes en tôle tournant sur deux pivots placés dans la partie supérieure. Toutes leurs ferrures et tringles d'assemblage sont extérieures, afin de ne pas donner de prise au groin du porc, qui est si destructeur et si impatient, lorsqu'il attend sa nourriture ; c'est surtout pour les porcheries que les séparations décrites plus haut, et un sol en pierres parfaitement rejointoyées en ciment, sont utiles.

Pour deux cases, il y a une cour dans laquelle les animaux peuvent alternativement prendre l'air. Ces cours, dans lesquelles on étend de la paille, sont pavées et bien rejointoyées comme les étables, et toutes les pentes sont établies pour que rien des liquides ne soit perdu, et pour que tout retourne par des grilles et des conduits à la citerne.

Les séparations s entre les cours ont 1 mètre 25 de haut et sont en briques ; mais comme les animaux, en cherchant à monter dessus, feraient tomber promptement les briques de couverture, je les ai recouvertes d'un madrier M en chêne formant toit et coupé diagonalement dans une pièce équarrie P, qui m'en donne deux. Cette couverture est un peu chère, mais elle est extrêmement solide ; et depuis quinze ans, mes murs de séparation n'ont pas subi la moindre dégradation.

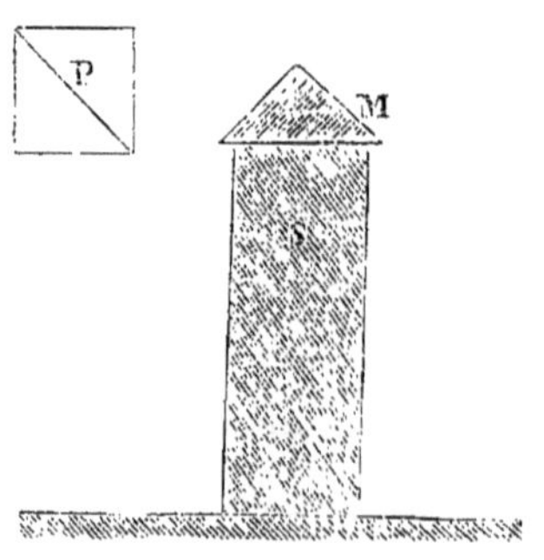

Fig. 10. — Murs de séparation entre les cours des porcheries.

Machine à battre.

Dans la principale grange, j'ai installé ma machine à battre de Duvoir, mue par une machine à vapeur horizontale de quatre chevaux. La machine, avec son générateur et son fourneau, est extérieure à la grange, et n'y communique que par le trou par lequel passe l'arbre. Pour la batteuse, j'ai pris un espace de 8 mètres entre deux aires DA et D‴ A′, communiquant par le passage B, afin que par

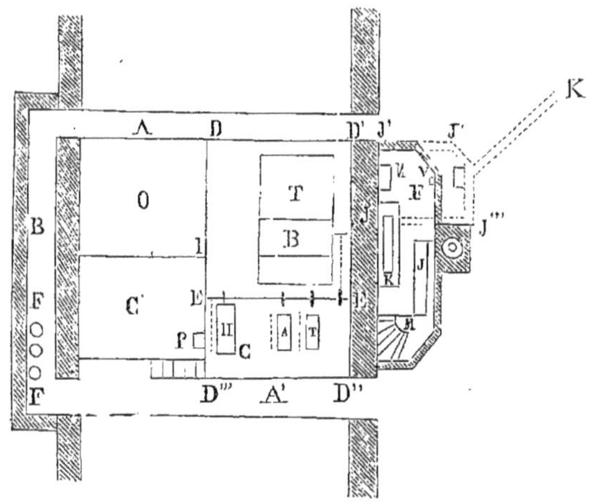

Fig. 11. — Machine à battre.

l'une on pût amener les gerbes, et par l'autre enlever la paille. J'ai élevé en DD′D″D‴ une plate-forme de 2 mètres 50 de haut, sur laquelle j'ai établi en B ma batteuse, en H mon hache-paille, en A mon concasseur d'avoine, et en T mon broyeur de tourteaux. L'arbre de la machine fait directement marcher la batteuse, et au moyen de deux poulies, il donne le mouvement à l'arbre de couche EE′, lequel, au moyen de trois courroies, fait marcher les trois autres instruments. Un dégorgeoir P en plan incliné, fait tomber le coupage dans une chambre C′, qui sert de magasin au coupage, lequel est chaque jour placé dans les trois cuves F, où il fermente, après avoir été arrosé de mélasse étendue d'eau. Enfin, sous la plate-forme D D′ D″D‴, se trouve le van, d'où sort le grain : la batteuse y rejette la paille qu'on lie au fur et à mesure ; on y reçoit également le tourteau concassé, qui tombe dans un sac. En O et au-dessus de la chambre au coupage C′, on entasse les gerbes qui alors se trouvent tout près de la table de la batteuse. Enfin, en J J′ J″J‴ se trouve la citerne d'alimentation de la machine, à laquelle le conduit K amène l'eau venant de la sucrerie, et qu'une pompe V fournit à l'alimentation N dans la chambre F de la machine, qui contient encore le générateur J, la machine K et le fourneau M.

Pour activer la sortie des poussières des tuyaux de ventilation placés à la batteuse, j'ai établi le chapeau qui cou-

Fig. 12. — Tuyaux de ventilation.

ronne ces tuyaux ainsi : les parties *a*, *b*, *c*, étant pleines, la poussière vient battre contre leurs faces et rebondit aussitôt au dehors, au lieu de produire un tourbillon et un amas sous le toit, lorsqu'il forme une partie creuse.

Hangar aux voitures

J'ai déjà dit que j'avais construit au milieu de la cour un hangar d'un accès facile pour les voitures attelées et chargées. Voici comment je m'y suis pris pour éviter les chocs destructeurs des roues : j'ai placé à chaque entrée de fortes bornes de bois taillées en pentes et arrondies. Elles sont solidement maçonnées en terre au béton, et faites de gros pieds ou culées de chênes ; tout le long de chaque travée, j'ai placé des guides pour les roues. Ces guides sont formés de madriers grossiers M retenus en dedans par de petits piquets en chêne P enfoncés en terre, et reliés entre eux par des bandes C de cerclain de fer. Depuis douze ans, je n'ai pas encore eu une dégradation, un ébranlement. Les toits du hangar avancent sur les côtés, de 1 mètre 50, et y forment deux appentis, sous lesquels on range des ustensiles aratoires.

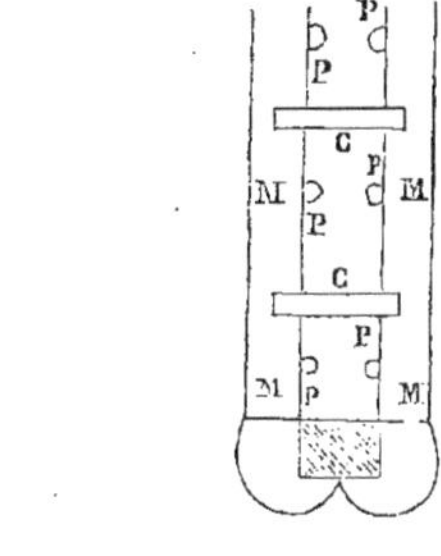

Fig. 13. — Hangar aux voitures.

Harnachement.

Le harnachement de mes chevaux n'a rien de particulier : c'est celui du pays.

Mes bœufs tirent par des colliers : je sais que ce mode est beaucoup plus cher que le joug ; mais je n'ai pas, dans le pays, de bouviers sachant conduire au joug. De plus, mes bœufs me servent sans cesse dans mes tombereaux à brancards qui nécessitent un limonier : enfin, il m'est souvent commode de mélanger mes bœufs avec mes chevaux dans mes attelages, et pour tous ces travaux, l'isolement du bœuf par le collier est indispensable.

Véhicules. Je me sers du chariot flamand à quatre roues pour le transport des récoltes et des engrais, et j'y mets quatre ou cinq chevaux, suivant la charge et la force de l'attelage.

Pour les transports de terre, je me sers du tombereau ordinaire.

Pour les engrais liquides, j'ai de grandes tonnes montées sur un train.

Pour le transport de la pulpe aux champs, j'ai un grand chariot couvert, monté sur de petites roues, qui sert de magasin, avec un coffret sur le devant pour les tourteaux.

Enfin, pour les transports dans l'intérieur de la ferme, je me sers de petits tombereaux à main, avec lesquels les garçons de cour entrent dans les écuries, pour y porter les rations d'avoine, de paille ou de coupage, et qui sont extrêmement utiles ; je les emploie aussi pour le transport de fumiers à la fosse, de bois, de fagots, et généralement pour tous les services de l'intérieur. Ils me sont véritablement si commodes et si peu coûteux, qu'ils m'ont ôté l'idée de chemins de fer, auxquels la disposition de mes bâtiments ne prête pas.

Fig. 14. — Tombereau à main.

DISCUSSION DE L'ASSOLEMENT.

Ainsi que je l'ai dit plus haut, mon nouvel assolement est calculé, d'après le but que je me suis proposé, pour avoir beaucoup d'animaux et pour cultiver en grand la betterave, sans cependant en fatiguer la terre.

Sa période est de sept ans, et les luzernes comme les prairies sont en dehors.

J'ai donné à la page 57 le tableau de mon assolement.

Je vais maintenant le raisonner et le justifier au point de vue cultural.

Voici ses avantages :

Il est partout alterne et par conséquent peu épuisant.

Toutes les récoltes sont avantageusement placées et suffisamment éloignées, sans qu'aucune soit sacrifiée.

En effet : 1° les racines nettoient la terre des mauvaises herbes que font pousser la fumure et les défoncements.

2° Des avoines viennent à merveille ensuite, car elles trouvent un sol riche, net et ameubli.

3° Les trèfles ne peuvent pas être semés dans de meilleures conditions que dans ces avoines. Ils profitent du bon état de la terre, et la graine, semée presque en même temps que l'avoine, peut être légèrement et bien recouverte avec une petite herse.

Il y a quelques années, dans mes environs, on ne semait les trèfles que dans les blés, et sans cesse, par les années de sécheresse, ils manquaient, faute d'avoir été recouverts. Il m'est arrivé souvent, par ces années, que mes trèfles semés en mars n'ont levé qu'en septembre et sont devenus encore très-beaux, la graine recouverte s'étant fort bien conservée tout l'été, tandis que les graines jetées dans les blés avaient été brûlées par le soleil. Aussi les cultivateurs m'imitent-ils maintenant. Chacun sait que le trèfle ne doit revenir qu'à de longs intervalles : dans mon assolement, il ne reparaît que tous les sept ans.

4° Le blé, comme le seigle, vient bien après le trèfle, à la condition de bien tasser la terre par des roulages énergiques; néanmoins, les récoltes précédentes ont trop absorbé l'engrais; et j'ai reconnu que, pour avoir de beaux blés dans cette situation, il fallait leur donner un peu de guano ou de tourteaux. C'est ce que je fais toujours, à la quantité de 600 tourteaux ou de 200 kilos de guano à l'hectare, ou bien, plutôt encore, je donne un parcage de moutons, et mes blés sont superbes.

5° Alors il est nécessaire de fumer, et au bout de quatre ans les racines reviennent sans inconvénient.

6° et 7° Mes sixième et septième soles sont divisées en deux parties qui s'alternent; il me faut trouver encore une sole de nourritures pour les besoins de mes bestiaux, et je ne puis plus mettre de trèfle, car l'intervalle de trois ans serait trop court.

Voici comment je m'y prends :

Sur mes premières betteraves récoltées, je mets des blés, après lesquels, la septième année, les hivernages, qui fondraient et pourriraient après les betteraves, viennent à merveille.

Sur mes dernières betteraves récoltées, je mets de gros fourrages de mars, c'est-à-dire des fèves ou des wateries (mélange de fèves et de pois), après lesquels le blé vient superbe. Par cet arrangement, j'ai en fourrage la moitié des sixième et septième années, ce qui me fait une sole, et l'autre moitié de ces deux mêmes années en blé, ce qui me donne la paille qui m'est nécessaire.

En résumé, j'ai largement, et sans compter mes pulpes, la moitié de mes terres consacrées à la nourriture de mes animaux. Cette proportion m'est indispensable pour nourrir tous mes élèves et le supplément de chevaux que nécessitent les transports de la sucrerie.

Seulement la paille me fait quelquefois défaut.

J'en augmente la quantité en ne semant que des avoines blanches, qui rendent un peu moins de grain que les noires, mais qui donnent des pailles superbes et très-bonnes pour les bestiaux.

J'ai encore comme ressource les gros foins que j'achète dans des marais pour recouvrir les betteraves de mes silos, et que la sucrerie laisse après la fabrication à la culture. Enfin, j'achète, autant que je puis en trouver, des pailles d'œillettes qui, contenant beaucoup de potasse, font un excellent engrais pour les betteraves.

AMENDEMENTS ET ENGRAIS.

Comme je l'ai déjà dit, les terres du domaine sont situées sur deux versants séparés par un ravin, et ces deux versants sont de natures tout opposées : le versant qui regarde le sud est calcaire et brûlant; le versant qui, partant des bois, s'incline au nord, est argileux et froid.

Terres et détritus.

Sur le versant calcaire, les amendements terreux sont les meilleurs. Les cultivateurs méprisaient ces terres, qui demandent à être fumées souvent. Le premier, j'ai montré de l'estime pour elles, et j'ai fait, il y a quinze ou vingt ans, alors qu'elles étaient délaissées, de bons marchés. Le soleil nous manque souvent dans le Nord, et elles s'échauffent promptement : quinze jours avant qu'on puisse entrer dans les terres argileuses, on peut labourer et semer les terres calcaires. Enfin, le grain qu'elles produisent est plus lourd et de meilleure qualité. Avec le mélange des unes et des autres dans une culture, la moisson se succède, sans que les champs soient tous mûrs en même temps.

Je recueille ou j'achète les boues des mares et des routes, les déblais de leurs accotements, les terres qui proviennent des terrassements, et surtout les boues provenant des lavages de mes betteraves et formant d'énormes dépôts dans mes réservoirs à irrigations, qui seront décrits plus loin, et j'en recharge mes terres brûlantes. Je leur donne comme engrais le fumier de mes bêtes à cornes, réservant le fumier des chevaux pour mes terres froides et argileuses, et avec ce traitement, j'obtiens sur ces terres de superbes résultats.

Marnages.

Sur les terres froides du versant nord, j'ai employé les marnages, et surtout la chaux. Les marnages, à la quantité de 150 mètres cubes à l'hectare, me revenaient à 1 fr. le mètre cube, soit 150 fr. l'hectare. La marne s'extrait sur place par des puits de 10 à 12 mètres de profondeur, qui malheureusement s'effondrent presque toujours et forment des trous qui gâtent le champ.

La marne est sèche et pierreuse : il faut plusieurs années pour qu'elle soit délitée complètement par les gelées. Les bons effets ont été sensibles, surtout pour les trèfles, et ont duré sept à huit ans; mais depuis que je cultive la betterave en grand, j'ai dû y renoncer, car j'ai remarqué que les effets du marnage sur cette racine étaient singulièrement pernicieux dans nos terres argileuses. A peine en voulais-je croire mes yeux; les limites des pièces marnées depuis quatre et cinq ans étaient encore marquées comme avec un cordeau. Les betteraves étaient maigres, et de plus les racines étaient tachetées de sortes de petits chancres qui, cependant, ne pénétraient pas à l'intérieur.

Chaulage. La chaux, au contraire, produit d'excellents effets dans nos terres argileuses, surtout dans celles qui touchent les bois et sur lesquelles se sont amassés des détritus inertes de végétaux dont la chaux hâte la décomposition. Elle coûte dans le pays 85 cent. l'hectolitre, et je l'ai employée à la quantité de 2 à 300 hectolitres à l'hectare.

Plâtre. Le plâtre m'a produit d'assez bons effets sur les trèfles, mais je n'ai reconnu aucun effet sur les récoltes suivantes. Il coûte cher dans le Nord et revient à 3 fr. les 100 kilos. Quand je trouve une bonne occasion d'acheter du plâtre cru, je l'emploie à saupoudrer mes litières permanentes en le mélangeant avec la terre.

Cendres de tourbe. Les cendres de tourbe sont un excellent amendement sur les luzernes et les foins. J'achète aux marais d'Oisy des tourbes qui me servent à chauffer la chaudière des breuvages et des racines, et j'en obtiens en grande quantité des cendres excellentes.

Cendres des carneaux des générateurs. Aucun engrais de ce genre n'a produit sur les prairies artificielles un effet comparable à celui des cendres ou suies trouvées dans les carneaux de nos générateurs. Ces suies, d'un gris rosé, contiennent sans doute énormément de carbone, car, répandues sur une luzerne, elles y ont produit une végétation luxuriante et du double de hauteur de la végétation voisine de la ligne tracée par les cendres. Cette différence s'est maintenue jusqu'à la troisième coupe.

Les cendres de houille ne me paraissent pas avoir d'action chimique sur le sol : elles nous servent comme sable maigre, faisant avec nos chaux grasses d'excellent mortier.

Compost avec défécations.

Le meilleur de tous mes amendements est le compost que je forme avec les écumes de la sucrerie, qui sont composées, comme chacun le sait, de la chaux servant à la défécation, et des parties mucilagineuses en suspension dans les jus de betteraves. Je ramasse avec soin toutes les terres provenant des démolitions, des routes, de tout terrassement quelconque, qui, mélangées avec les écumes, deviennent excellentes ; j'y ajoute la grande quantité de terres et de boues provenant du déchargement des betteraves. Je fais un compost en formant des couches horizontales, alternativement avec ces terres et ces boues, asséchées s'il le faut avec un peu de cendres de houille, et avec les écumes. Le compost est terminé en forme de toit, lissé et battu tout autour, afin de concentrer la fermentation des écumes, qui se développe et assèche les terres. Il est laissé ainsi jusqu'aux gelées, quelquefois jusqu'aux beaux jours du printemps, voire même jusqu'aux gelées de l'hiver suivant, si le printemps a été pluvieux et ne nous a pas permis de charrier dans les terres.

Par le chargement, qui se fait perpendiculairement aux couches horizontales, les écumes sont de nouveau mélangées à la terre, et bientôt, sur les champs, le tout se divise comme des cendres. Il ne faut pas se dissimuler que les différents transports, la manipulation, les charrois et l'épandage dans les champs, de ces composts si lourds, ne fassent ressortir leur valeur à un prix fort élevé dans la comptabilité, où tout, chevaux et voitures, est compté. Mais aussi leurs effets sont admirables, surtout pour les betteraves, et durent fort longtemps, et enfin on emploie souvent à ces charrois des chevaux ou des taureaux qui resteraient inoccupés, et dont les comptes sont crédités de ces mêmes travaux dont sont débitées les cultures.

Engrais chimiques.

Mais, de tous les engrais et amendements qui rentrent dans les pratiques connues de la plupart des cultivateurs éclairés, aucun n'a produit chez moi des résultats aussi curieux que ceux conseillés par M. Georges Ville, professeur au Muséum d'histoire naturelle.

On sait que ce chimiste, voulant étudier les phénomènes de la végétation, en la forçant pour ainsi dire à répondre elle-même, s'est d'abord formé un sol complètement infertile avec du sable calciné et placé dans des vases de porcelaine; puis après avoir livré des graines à ce sol convenablement arrosé d'eau distillée, et y avoir ajouté successivement, dans des combinaisons innombrables, les différents éléments qui entrent dans la composition des plantes, il a obtenu des variations presque infinies de végétations nulles, médiocres, belles, puis luxuriantes.

Ces résultats étant évidemment dus uniquement aux agents ajoutés au sable calciné, il a fini par en déduire cette loi : que toutes les plantes ont besoin, dans différentes proportions, de ce qu'il appelle l'*engrais complet,* et qui est composé : d'azote, de phosphate, de potasse, de chaux.

Mais comme les différents terrains contiennent ces agents en diverses proportions qu'il est nécessaire de connaître pour donner au sol ce qui lui manque et non ce qu'il a en excès, M. Ville, abandonnant le système des analyses qui donnent les éléments absolus, mais non les éléments assimilables par les plantes, a recours à des combinaisons extrêmement ingénieuses, pour forcer le terrain à répondre lui-même.

Il forme un champ d'expériences qu'il divise en plusieurs parcelles égales : sur la première, il donne son engrais complet; sur les autres, il supprime successivement un des quatre éléments; et enfin, sur la dernière, il ne met rien, ou il met du fumier de ferme, afin qu'elle serve de terme de comparaison.

Les plus forts rendements indiqueront la composition d'engrais qui convient le mieux au sol, et les plus faibles rendements, correspondant aux engrais incomplets, indiqueront l'élément qui manque au sol, puisqu'en le supprimant dans l'engrais, le sol n'a pu le fournir, et la récolte a été mauvaise.

Déjà, en 1851, j'étais allé avec M. Dumas visiter la terre et les expériences de M. Lawes, à Rothamsted (Angleterre), et j'étais resté vivement frappé de ses études sur les effets, tout particuliers pour chaque plante, des différents éléments qui composent l'engrais regardé comme le plus complet, le fumier de ferme, ces éléments étant donnés séparément, un à un, deux à deux, et ainsi de suite, suivant de nombreuses combinaisons. Les résultats qui ressortaient devant mes yeux, des nombreux champs d'expériences de Rothamsted, m'avaient plus éclairé, en quelques instants, que de longues études, sur les causes de la nécessité des assolements adoptés par les plus longues pratiques.

Les écrits de M. Ville, ses expériences de Vincennes, m'ont paru avoir acquis, dans le même ordre d'idées, un caractère de précision et un degré d'importance plus considérables encore. Sur sa demande, je lui ai livré deux champs d'expériences : l'un, d'une contenance de 2 hectares 16 ares, dans la plaine dite *du Quesnoy*, venait d'être repris à des fermiers qui l'avaient complètement épuisé; je l'avais défoncé par deux labours superposés de 40 centimètres de profondeur : c'était donc véritablement une terre vierge; l'autre, d'une contenance de 1 hectare 42 ares, dans la plaine dite *du Soreux*, était dans un assez bon état d'entretien.

M. Ville a divisé chacune de ces pièces en quatre parcelles égales.

Voici les engrais qu'il leur a donnés, et (après les avoir ramenés à l'hectare) le prix de ces engrais et les rendements obtenus :

ENGRAIS.	DÉPENSES	RENDEMENTS en betteraves.	RENDEMENTS en pommes de terre.
Champ du Quesnoy.			
	fr.	kil.	kil.
N° 1. Engrais complet (nitrate de soude, phosphate acide de chaux, potasse, chaux)...	452	36,490	16,000
N° 2. Chaux, phosphate acide de chaux, sulfate d'ammoniaq.	291	29,290	13,300
N° 3. Chaux, phosphate acide de chaux et tourteaux de colza.	233	18,440	7,000
N° 4. Fumier de ferme au prix de 10 fr. les 1,000 kil	333	28,215	8,050
Champ du Soreux.			
N° 1. Engrais complet...........	325	42,701	
N° 2. Chaux, phosphate acide de chaux et sulfate d'ammon.	194	37,281	
N° 3. Chaux, phosphate acide de chaux et tourteaux de colza.................	186	29,672	
N° 4. Écumes de défécation de sucrerie en compost, environ 22,500k (les écumes de défécation étant vendues par la sucrerie à la culture, à raison de 50c les 100k)...	113	34,111	

Malheureusement, la pièce dite du Quesnoy a été affreusement et très-irrégulièrement ravagée par le ver blanc, de sorte que, non-seulement les rendements des betteraves ont été bien au-dessous de ce qu'ils auraient dû être, mais encore les points de comparaison ne présentent plus autant de garantie, et cet incident est très-fâcheux, car les résultats obtenus sur cette terre vierge offraient beaucoup d'intérêt; du reste, les années suivantes pourront compléter les expériences.

Sous ce rapport, la pièce du Soreux donne des résultats plus certains.

Cependant, ils présentent dans les deux pièces assez d'analogie pour qu'on puisse en tirer les conclusions suivantes :

1° L'engrais complet a eu partout une supériorité de rendement;

2° La potasse n'est pas en grand excédant dans mon sol, puisque dans les deux parcelles n° 2, où la potasse seule a été supprimée, les rendements ont diminué;

3° Le tourteau, cet engrais si estimé dans le Nord, n'a pu complètement remplacer l'azote et la potasse, bien que M. Ville ait, dit-il, donné la même quantité d'azote en tourteau dans les parcelles n° 3, qu'en sulfate d'ammoniaque dans les parcelles 1 et 2;

4° Les engrais chimiques conviennent admirablement aux pommes de terre.

Mais les rendements constatés d'une manière absolue ne peuvent être l'unique point de vue du cultivateur sérieux. Il doit se préoccuper surtout des sacrifices à l'aide desquels il les a obtenus, du prix de revient de ses récoltes, et constater, en fin de compte, ses bénéfices, but final de toute entreprise. Cherchons donc le prix de revient de 1,000 kilos de racines cultivées ainsi dans chaque parcelle; nous l'obtiendrons par la proportion suivante :

Pièce du Quesnoy.

	Récolte.	Dépense.			Prix de revient de 1,000 kil.
	—	—			—
N° 1.	52,494 kil.	: 452 fr.	:: 1,000 kil.	: x =	8 fr. 61 c.
N° 2.	42,590	: 291	:: 1,000	: x =	6 83
N° 3.	25,440	: 233	:: 1,000	: x =	9 15
N° 4.	36,265	: 333	:: 1,000	: x =	9 18

Pièce du Soreux.

	Récolte.	Dépenses.			Prix de revient de 1,000 kil.	
	—	—			—	—
N° 1.	42,701 kil.	: 325 fr.	:: 1,000 kil.	: $x =$	7 fr.	16 c.
N° 2.	37,281	: 194	:: 1,000	: $x =$	5	20
N° 3.	29,672	: 186	:: 1,000	: $x =$	6	26
N° 4.	34,111	: 113	:: 1,000	: $x =$	3	31

Ici les résultats prennent une tout autre physionomie.

Mais il faut commencer par ne considérer celui qui concerne les écumes de défécation que comme une donnée. Il n'y a pas de prix commercial pour cet engrais : peut-être le prix de 50 centimes les 100 kilos, convenu entre la culture et la sucrerie, est-il un peu faible. D'un autre côté, ces écumes, pour être conservées, sont mêlées aux terres et boues de betteraves, de manière à former des composts qui coûtent de grandes manipulations et d'énormes frais de transport et d'épandage dans les champs. Le bon effet de ces composts dure vingt ans ; la part de leur manipulation, qui devrait être attribuée à la nécessité de conservation des écumes, est difficile à apprécier, de sorte que, je le répète, les calculs relatifs aux écumes de défécation ne peuvent être regardés comme rigoureusement exacts.

Quant aux autres engrais, il ressort des conséquences ci-dessus que dans le Quesnoy, c'est l'engrais n° 2 qui a donné le prix de revient le moins élevé ; l'engrais complet vient ensuite, puis le tourteau et le fumier de ferme sont égaux.

Dans le Soreux, l'engrais n° 2 a encore l'avantage ; mais le tourteau l'emporte sur l'engrais complet, qui donne le prix de revient le plus élevé.

Ces conséquences découlent évidemment de l'extrême cherté de la potasse (1).

Enfin, comme résultat définitif, recherchons les bénéfices obtenus par chaque engrais, en appliquant aux produits les prix obtenus. Ils ont été vendus, savoir : 18 fr. les 1,000 kilos de betteraves, et 60 fr. les 1,000 kilos de pommes de terre.

	RENDEMENTS.	PRODUIT en ARGENT.		DÉPENSE à DÉDUIRE.		BÉNÉFICE.	
	Champ du Quesnoy.	fr.	c.	fr.	c.	fr.	c.
N° 1.	36,490 kil. de betteraves à 18 fr. les 1,000 kil....	656	82	452	»	204	82
	16,000 kil. de pommes de terres à 60 fr. les 1,000 k.	960	»	452	»	508	»
N° 2.	29,290 kil. de betteraves..........................	527	22	291	»	236	22
	13,300 kil. de pommes de terre..................	798	»	291	»	507	»
N° 3	18,440 kil. de betteraves..........................	331	92	233	»	98	92
	7,000 kil. de pommes de terre.................	420	»	233	»	187	»
N° 4.	28,215 kil. de betteraves..........................	507	87	333	»	174	87
	8,050 kil. de pommes de terre..................	483	»	333	»	150	»
	Champ du Soreux.						
N° 1.	42,701 kil. de betteraves..........................	768	61	325	»	443	61
N° 2.	37,281 —	671	05	194	»	477	05
N° 3.	29,672 —	534	09	186	»	348	09
N° 4.	34,111 —	613	99	113	»	501	»

(1) Mais il faut observer que dans l'engrais complet la potasse était à l'état de carbonate qui la fait ressortir à 1 fr. 60 le kilogr., tandis que si on l'avait employée comme M. Ville le recommande aujourd'hui, sous la forme de nitrate de potasse, elle ne serait ressortie qu'à 0,80 centimes le kilogr. ce qui aurait réduit de 100 fr. environ le prix de l'engrais complet employé sur un hectare.

Ici, les conséquences sont bien curieuses :

1° Le champ du Quesnoy donne de beaux bénéfices en pommes de terre, sauf dans les parcelles 3 et 4, où se trouvaient le tourteau et le fumier. Il paraît donc que les engrais chimiques conviennent extrêmement à cette racine. Contrairement aux trois autres parcelles, le n° 4 a donné plus de bénéfice en betteraves qu'en pommes de terre, parce que cette parcelle avait été moins ravagée que les autres par le ver blanc ;

2° L'engrais n° 2 l'emporte, surtout pour les betteraves, sur l'engrais n° 1, sans doute à cause de la cherté de la potasse, et sans doute aussi parce que les betteraves, pouvant aller puiser jusqu'à plus d'un mètre dans le sol, à l'aide de longues racines, la potasse dont elles ont besoin, peuvent, jusqu'à un certain point, se passer, pendant quelques années du moins, de celle qu'on ne leur donne pas à la surface ;

3° Le champ du Soreux a une grande supériorité, pour les betteraves, sur le champ du Quesnoy ; cela tient évidemment aux ravages énormes causés par les vers blancs dans le Quesnoy ;

4° Dans le Soreux, les bénéfices résultant de l'emploi des écumes de défécation sont superbes ; mais je dois faire ici la même réserve que ci-dessus, tout en reconnaissant que cet engrais produit d'admirables effets dans mon sol, surtout pour les betteraves ;

5° Dans le Quesnoy, le fumier n'a été supérieur qu'au tourteau. Mais chacun sait que les engrais pulvérulents agissent plus rapidement, mais durent bien moins longtemps que le fumier de ferme,

Le fumier ne reprendra-t-il pas sa revanche dans la céréale qui suivra? C'est pour cela que je n'ai pas voulu publier mes expériences sur les betteraves et les pommes de terre, sans y joindre, comme complément indispensable, les résultats de la récolte des céréales.

La seconde année, sur les indications de M. Ville, j'ai donné, sur les blés et les avoines, à toutes les parcelles des deux champs d'expériences, du sulfate d'ammoniaque répandu en couverture, au mois de mars, à raison de 300 kilos à l'hectare dans le champ du Quesnoy, et de 200 kilos à l'hectare dans celui du Soreux.

M. Ville n'avait indiqué le sulfate d'ammoniaque que sur les trois premières parcelles que je lui avais livrées; et, en effet, c'était la continuation rationnelle de la comparaison entre les engrais chimiques et les engrais ordinaires. En mon absence, mes employés en ont mis aussi sur les quatrièmes parcelles dont les récoltes leur paraissaient médiocres, et qui en sont, du reste, débitées comme les autres.

Voici les résultats obtenus, ramenés à l'hectare :

ENGRAIS.	DÉPENSE	RENDEMENTS en GRAIN.	RENDEMENTS en PAILLE.
Champ du Quesnoy. — Blé.	fr. c.	hectolit.	kilos.
N° 1. Sulfate d'ammoniaque (300k à l'hect.) à 36f le °/o.	108 »	25l 37	5,581
N° 2. — — — .	108 »	27 72	5,381
N° 3. — — — .	108 »	26 38	4,824
N° 4. — — — .	108 »	23 14	4,259
Champ du Soreux. — Avoine.			
N° 1. Sulfate d'ammoniaque (200k à l'hect.) à 36f le °/o.	72 »	72 19	5,851
N° 2. — — — .	72 »	70 78	4,698
N° 3. — — — .	72 »	67 68	4,946
N° 4. — — — .	72 »	83 19	6,469

Les résultats des récoltes en blé et en avoine sont plus certains que ceux de betteraves, parce qu'ils n'ont pas été dénaturés par les dégâts des vers blancs.

Dans le blé du Quesnoy, contrairement aux résultats précédents, l'engrais complet de la parcelle n° 1, qui avait eu toujours la supériorité *en rendements*, est ici inférieur à l'engrais incomplet de la parcelle n° 2. J'attribuerais ce résultat à la supériorité, pour le blé, du sulfate d'ammoniaque sur le nitrate de soude; car l'azote a été donné la première année, à la parcelle n° 1, en nitrate de soude, et la seconde en sulfate d'ammoniaque, tandis que la parcelle n° 2 l'a reçu les deux années sous forme de sulfate d'ammoniaque.

Il faut encore remarquer que, dans la parcelle n° 3, le tourteau, réuni à la chaux et au phosphate, a pris sa revanche.

Enfin, le fumier conserve son infériorité.

Cherchons maintenant les bénéfices obtenus par le blé et l'avoine, en faisant toutefois la réserve que ces résultats ne pourront nous servir que d'éléments pour le résultat général des deux années; car il est évident qu'en chargeant seulement le blé et l'avoine du sulfate d'ammoniaque mis en couverture, j'avantage trop ces récoltes, qui devraient certainement être débitées d'une partie des engrais mis la première année, et qui n'ont pas été entièrement absorbés par les betteraves et par les pommes de terre.

RENDEMENTS.		PRODUIT en ARGENT.	DÉPENSE à DÉDUIRE.	BÉNÉFICE BRUT (non compris les frais de culture).
Champ du Quesnoy. — Blé.		fr. c.	fr. c.	fr. c.
N° 1.	25 hect. 37 lit. de grain à 30 fr. l'hect. = 761 f. 10 5,581 kil. de paille à 36 fr. les 1,000 kil. = 200 90	962 »	108 »	854 »
N° 2.	27 hect. 72 lit. de grain à 30 fr. l'hect. = 831 f. 60 5,381 kil. de paille à 36 fr. les 1,000 kil. = 193 70	1,025 30	108 »	917 30
N° 3.	26 hect. 38 lit. de grain à 30 fr. l'hect. = 794 f. 40 4,824 kil. de paille à 36 fr. les 1,000 kil. = 173 65	965 05	108 »	857 05
N° 4.	23 hect. 14 lit. de grain à 30 fr. l'hect. = 694 f. 20 4,259 kil. de paille à 36 fr. les 1,000 kil. = 153 30	847 50	108 »	739 50
Champ du Soreux. — Avoine.				
N° 1.	72 hect. 19 lit. de grain à 8 fr. l'hect.. = 577 f. 50 5,851 kil. de paille à 36 fr. les 1,000 kil. = 210 65	788 15	72 »	716 15
N° 2.	70 hect. 78 lit. de grain à 8 fr. l'hect.. = 566 f. 25 4,698 kil. de paille à 36 fr. les 1,000 kil. = 169 10	735 35	72 »	663 35
N° 3.	67 hect. 60 lit. de grain à 8 fr. l'hect.. = 541 f. 45 4,946 kil. de paille à 36 fr. les 1,000 kil. = 178 f. 05	719 50	72 »	647 50
N° 4.	83 hect. 19 lit. de grain à 8 fr. l'hect.. = 665 50 6,469 kil. de paille à 36 fr. les 1,000 kil. = 232 90	898 40	72 »	826 40

Enfin, réunissant les bénéfices des deux années, j'arrive au résultat vraiment sérieux et pratique que voici :

Total des bénéfices (non compris les frais de culture) des deux années, avec les expériences de M. Ville.

A L'HECTARE.

PARCELLES.	1re ANNÉE. — Bénéfice moyen par hect., en betteraves et en pommes de terre.	2e ANNÉE. — Blé ou avoine.	TOTAL.
	fr. c.	fr. c.	fr. c.
Champ du Quesnoy.			
Parcelle n° 1	352 41	854 »	1,206 41
Parcelle n° 2	371 61	917 30	1,288 91
Parcelle n° 3	142 96	857 05	1,000 01
Parcelle n° 4	162 43	739 50	901 93
Champ du Soreux.			
Parcelle n° 1	443 61	716 15	1,159 76
Parcelle n° 2	477 65	663 35	1,141 »
Parcelle n° 3	348 09	647 50	995 59
Parcelle n° 4	501 »	826 40	1,327 40

Voilà donc le résultat final des deux années, *en bénéfices bruts,* non compris les frais de culture qui, sauf un peu plus de frais de transports pour les fumiers, sont les mêmes partout.

Dans le Quesnoy, les deux premières parcelles ont une supériorité énorme. La parcelle n° 2 l'emporte même sur le n° 1, sans doute à cause du prix élevé de la potasse, et surtout parce que ma terre argileuse n'en manque pas jusque dans les couches inférieures.

Les engrais chimiques ont donc agi, dans cette terre presque entièrement privée d'humus, comme ils avaient agi dans le sable calciné des expériences primitives de M. Ville. Ils ont suffi à eux seuls et immédiatement à la végétation, tandis que le fumier a eu une grande infériorité. Ce résultat n'est-il pas d'ailleurs conforme à l'expérience qui nous a toujours appris qu'il fallait deux fumures pour remettre une terre épuisée?

Dans le Soreux, où les résultats n'ont point été touchés par l'invasion des vers blancs, l'engrais complet, dans la parcelle n° 1, a une légère supériorité. Les deux premières parcelles ont encore un avantage très-marqué sur la troisième, cependant moins considérable que dans le Quesnoy, parce que la terre étant en bon état, les fumures précédentes ont agi sur les résultats et compensé les différences des engrais immédiats.

Quant aux bénéfices énormes produits par les écumes de défécation, je ne puis que répéter ce que j'ai dit plus haut sur leurs excellents résultats, mais aussi sur les frais considérables de manipulation et de transport des composts.

Tels sont les résultats vraiment très-remarquables des deux années d'expériences faites dans des conditions diverses et intéressantes.

Je vais maintenant les continuer plus en grand, puisque je suis certain des bénéfices, et je vais les faire entrer dans l'assolement régulier de ma culture, contenant des trèfles et des fourrages.

Il resterait à constater la qualité sucrière des betteraves.

En 1867, j'en ai cultivé deux hectares sur fumier avec addition d'engrais chimiques. Les rendements en poids ont été superbes; quant aux rendements en sucre, je n'ai pu les constater aussi régulièrement que M. Cavallier.

Je les ai bien fabriquées séparément et j'ai pris aussi séparément mes sucres de premier jet; mais, comme ma fabrication était déjà commencée depuis plusieurs jours, je n'ai pu séparer mes seconds et mes troisièmes produits. J'ai seulement remarqué qu'avec la même quantité d'eau, le titrage de mes jus, qui était de 4°,2 à 4°,4, est monté, avec les betteraves sur engrais chimiques, à 4°,6 et à 4°,7.

Cette importante partie des résultats des engrais chimiques sera constatée cette année dans ma sucrerie avec soin, en commençant le travail par toutes les betteraves que j'aurai récoltées sur engrais chimiques et en séparant tous leurs produits.

Parcages.

Le parcage de mes moutons est un puissant moyen d'amélioration pour moi. J'en tire un emploi précieux, et qui s'encadre admirablement avec l'ensemble de mes opérations.

Ainsi, je vais dire tout à l'heure comment, à l'aide des eaux de ma sucrerie, j'ai transformé en prairies excellentes 20 hectares environ de pelouses calcaires et arides de mon parc; mais ces eaux, mises seulement en hiver, ne suffiraient pas : il faut encore de l'engrais. Les fumiers ont le grand inconvénient de laisser toujours de la paille dans les foins. Les parcages résolvent la question et évitent tous frais de transport : d'un autre côté, ces prairies sont une ressource inappréciable pour mes troupeaux. On verra, à leur article, que je fais naître mes agneaux en mai et juin, et que, de mai en octobre, les mères et les agneaux ne quittent plus, ni nuit, ni jour, la prairie. Ils s'y trouvent à merveille sur un terrain sec, un peu en pente, et dont l'herbe leur convient parfaitement. Le séjour des moutons tout l'été sur les pelouses est donc aussi profitable à la prairie elle-même qu'aux troupeaux. L'automne, il y a un beau regain, et au printemps suivant, une superbe coupe de foin sur les parties qui ne sont pas tout d'abord livrées aux brebis.

A partir du commencement d'octobre, je transporte mes parcs sur les terres de la quatrième sole qui doivent porter blé, et auxquelles, ainsi que je l'ai dit, je donne un parcage, un tourteau ou un guano. Le parcage est ainsi admirablement placé et donne des blés superbes. J'évite de parquer les terres qui doivent porter betterave, parce qu'il est reconnu que ces racines, ainsi fumées, seraient de mauvaise qualité pour la sucrerie. Pendant le parcage pour blé, les grands animaux (mais non les agneaux) ont en grande quantité les feuilles de betteraves récoltées, ce qui produit un engrais abondant.

Dessèchement. Ce que j'ai dit de l'élévation de notre plateau et de notre sol prouve suffisamment que nous ne sommes jamais gênés par les eaux.

Drainage. Il faudrait à notre sol de la pluie tous les quinze jours.

Par conséquent, personne jusqu'ici n'a eu la pensée de drainer dans notre pays. Sur les terres calcaires, ce serait folie. Sur les terres argilo-siliceuses, j'ai plutôt confiance dans mes défoncements à 40 centimètres. L'année dernière, j'ai eu le désir d'essayer en petit un drainage dans la plaine de Soreux, mais je n'ai pu trouver d'ouvriers draineurs dans tout l'arrondissement.

Irrigations.

L'irrigation de mes prairies est sans contredit un des plus beaux résultats que j'ai obtenus, à cause des difficultés que j'ai eues à surmonter, des inconvénients évités, et enfin des avantages obtenus avec bien peu de frais.

Tout le monde sait que les eaux du lavage des betteraves et des noirs fermentent au bout de quelques jours, dégagent des miasmes, et nuisent aux cours d'eau : aussi les règlements les plus sévères ont-ils été la conséquence des plaintes générales.

Placé au centre du village, je n'avais point de terrain voisin sur lequel je pusse déposer ces eaux. Alors j'ai eu la pensée de les amener sur les pelouses calcaires, sèches et arides de mon parc, situées plus bas en pente, et de les répandre *journellement et avant qu'elles aient fermenté.* C'était à la fois dégager l'usine et fertiliser des terrains presque improductifs; or, l'usine est séparée de ces terrains par la route, mes basses-cours et l'habitation; je n'avais donc d'autre moyen d'écoulement qu'un conduit souterrain, dont le point de départ devait être assez profond.

Mais d'une part, toutes ces eaux sont chargées de boues,

de radicules, de morceaux de betteraves qui doivent promptement encombrer et boucher les conduits ; et il en résultait une difficulté et un danger considérables, puisque le conduit, qui était nécessaire, devait avoir environ 150 mètres de long, et être à une profondeur de 1 mètre 50 à 2 mètres. D'autre part, les eaux de lavage ne s'écoulent que peu à peu, et une irrigation dans ces conditions ne serait pas profitable : les bords des rigoles absorberaient en trop grande quantité ces eaux venant lentement, et qui n'auraient pas assez de force pour courir à la surface et se répandre également.

Par ces deux motifs, j'ai été amené à concevoir l'idée d'un grand réservoir R contenant les eaux de l'usine pendant vingt-quatre heures, car en ouvrant alors une issue à ces 2 ou 3,000 hectolitres d'eau, elle s'y précipiterait avec une force qui rendrait les encombrements fort rares, et l'irrigation très-profitable.

J'ai établi l'orifice du conduit de décharge à 1 mètre au-dessus du fond du réservoir, pour permettre aux boues épaisses et aux gros morceaux de betteraves de se déposer.

Ces eaux auraient filtré par une vanne ordinaire, et les boues, comme les radicules, coulant lentement, seraient encore venues former des dépôts dans les conduits.

La bonde conique m'a paru préférable, en ce que les dépôts mêmes viennent bientôt la luter. Mais les efforts pour l'enlever et la déplacer brisaient promptement les tuyaux en terre et ébranlaient les tuyaux en fonte, autour desquels il se formait des fissures qui, sous la forte pression des eaux, produisaient bientôt des *renards* à travers le mur du réservoir.

Réservoirs.

Voici, après bien des recherches, le système que j'ai imaginé :

J'ai établi contre le mur du réservoir, et bien liée avec lui, une jambe de force en brique J; sur cette jambe de force et dans le mur, j'ai fortement scellé une pièce de bois B de 15 centimètres d'équarrissage et en chêne; dans le milieu de cette pièce, j'ai percé à sa partie supérieure et *jusqu'à mi-bois* un trou conique dans lequel vient se loger la bonde; au-dessus et dans le reste de l'épaisseur de la pièce, j'ai continué un conduit du diamètre du dessous de la bonde; sous la pièce de bois et à l'orifice même de ce conduit vient s'adapter, bien solidement rejointoyé avec du ciment, un tuyau coudé en fonte T qui traverse ensuite le mur du réservoir pour arriver dans un second réservoir ou puisard P, destiné à recevoir encore, par surcroît de précaution, les boues qui pourraient passer lentement.

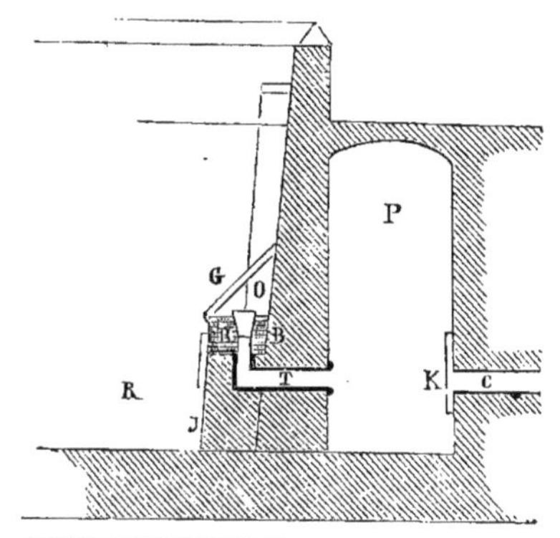

Fig. 15. — Réservoir pour les eaux d'irrigations (coupe).

Enfin, de ce puisard part le conduit de tuyaux en terre C, qui, en passant sous la route, la basse-cour et la cour de l'habitation, aboutit sur les pelouses. On comprend que la forte pièce de bois, si solidement ancrée, et d'une nature élastique, supporte facilement le choc et les ébranlements de la bonde, et que le tuyau coudé en fonte n'étant pas atteint par elle, ne reçoit aucun ébranlement. Mais on ne saurait croire combien il a fallu de précautions minutieuses; ainsi, lorsque la bonde était levée, des morceaux de betteraves s'introduisaient dans le conduit.

J'ai fait placer une grille inclinée en G : dans cette grille se trouve une ouverture O du diamètre de la bonde. Lorsqu'on la lève d'une hauteur qui est mesurée et réglée, la bonde vient fermer l'ouverture O, et alors, l'eau ne peut passer qu'à travers la grille, sans entraîner des morceaux de betteraves.

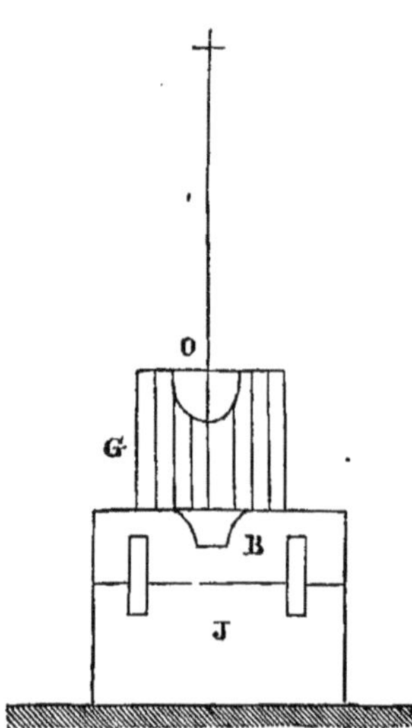

Fig. 16. — Système de bonde avec grille pour le départ des eaux.

Néanmoins, il passait beaucoup de radicules qui venaient encore encombrer le conduit C. Alors, à son orifice, dans le puisard, j'ai encore fait placer une grande grille K qui, tout en préservant le conduit, laisse passer une quantité d'eau suffisante pour la pression nécessaire à une bonne irrigation.

Comme le fond du réservoir, qui est en contre-bas de la sortie des eaux, est rempli de boues bien avant la fin de la fabrication que l'on ne peut pas arrêter, j'ai divisé mon réservoir en deux parties, 1 et 2, séparées par un mur M, extrêmement solide, formant talus, de 80 centimètres d'épaisseur dans le haut, et dont l'intérieur est en béton, afin qu'il n'y ait aucune infiltration, malgré la pression de 3 mètres d'eau. Ces deux réservoirs reçoivent les eaux de lavage par les vannes V et V', et les déversent dans le puisard P par les bondes établies sur les jambes de force J et J', d'où elles s'élancent dans le conduit C. Alors, quand l'un des côtés, le nº 1, par exemple, est rempli de boue jusqu'à l'orifice de la bonde, on ferme la vanne V : l'eau n'arrive plus que dans le réservoir 2 par la vanne V', et on vide le réservoir 1.

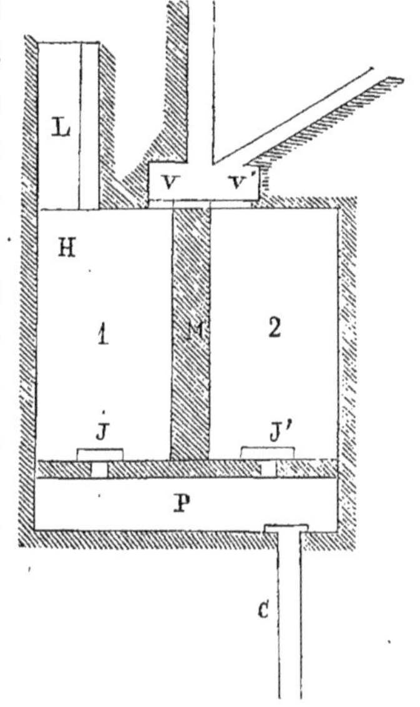

Fig. 17. — Réservoirs pour les eaux d'irrigations (plan).

Enfin, les latrines L des ouvriers ont été placées près du réservoir, de sorte que tous les excréments, entraînés par le courant des eaux de lavage des betteraves, que l'on y fait passer quand on le veut, viennent encore enrichir ces liquides d'irrigation.

Pendant la fabrication, tous les matins, je fais verser dans les réservoirs deux tonnes, de 8 à 10 hectolitres chacune, d'urines puisées dans les citernes, que l'on a laissées s'emplir pour cette époque. Ces liquides se trouvent ainsi entraînés et parfaitement répandus, presque sans frais, sur les prairies. N'est-ce pas là le système de Kennedy avec beaucoup d'économie?

Enlèvement des boues des réservoirs.

Mais une opération qui présente plus de difficultés est l'enlèvement des boues. Voici comment je m'y prends :

Une bascule C est établie sur le bord du réservoir : aux deux bouts E et F sont des cordes; au bout E, la corde supporte un grand seau en forte tôle que l'on descend au fond du réservoir, et qui est rempli de boue par deux hommes placés en A. Au commencement de l'opération, ces deux hommes s'établissent sur une table dont les pieds traversent la boue pour reposer sur le fond du réservoir; bientôt les hommes peuvent s'y établir eux-mêmes lorsqu'ils y ont fait leur place. A la corde F tirent deux hommes qui enlèvent le seau plein : un homme est placé sur la plate-forme du tombereau qui vient se ranger contre le mur d'appui du réservoir. Cet homme fait basculer le seau et le vide dans le tombereau T, dont la forme sera indiquée plus bas; puis ce seau est redescendu au fond du réservoir.

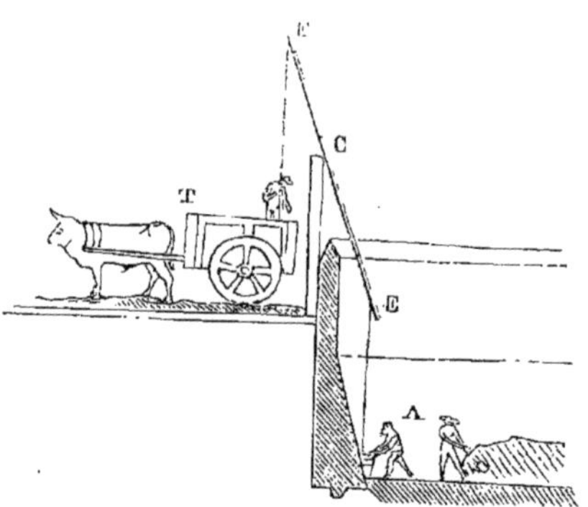

Fig. 18. — Enlèvement des boues.

Cette manœuvre, faite régulièrement, mène encore ce travail, fort difficile toujours, assez vite.

Les boues sont très-liquides, surtout au commencement : pour qu'elles tiennent dans le tombereau, on y place, pour ce travail, un couvercle avec une trappe, et pour décharger facilement ces boues, j'ai fait faire, dans le derrière du tombereau, une porte s'ouvrant à charnière, par laquelle les boues s'échappent ou sont tirées à l'aide d'une longue raclette. Le couvercle et le derrière, avec la porte, s'adaptent facilement à des tombereaux ordinaires.

Distribution des eaux d'irrigation.

Les eaux débouchent donc avec une grande force en I (voir le plan général du domaine), pour se répandre sur toute la surface des prairies; elles y trouvent deux bondes B, placées horizontalement dans deux petits madriers fixés verticalement et qui donnent ouverture, l'une au côté droit, l'autre au côté gauche du parc. J'ai profité de la disposition du terrain : il a une pente générale très-prononcée au midi, mais il forme encore vers son milieu une sorte de cuillère; alors, voici ce que j'ai fait :

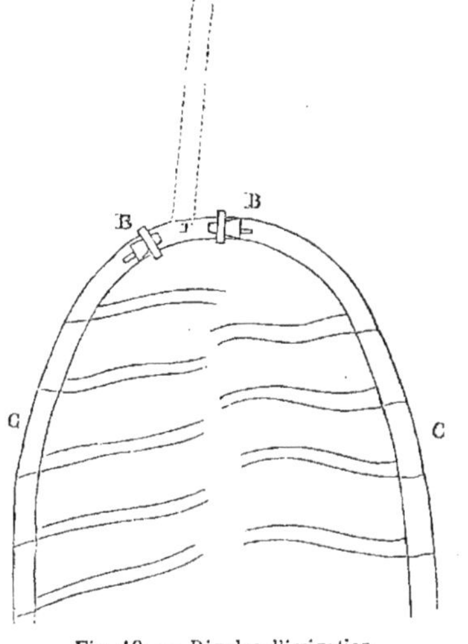

Fig. 19. — Rigoles d'irrigation.

J'ai tracé, sur les deux côtés culminants de la cuillère, deux conduits principaux en forme de croissant C; la rapidité de l'eau dans la pente aurait bientôt dégradé ces conduits; alors je les ai construits en briques, ainsi : une brique de plat pour fond et deux briques sur champ, inclinées, pour les côtés. Ces dernières affleurent l'herbe qui les cache bientôt. Pour irriguer, j'arrête l'eau dans le con-

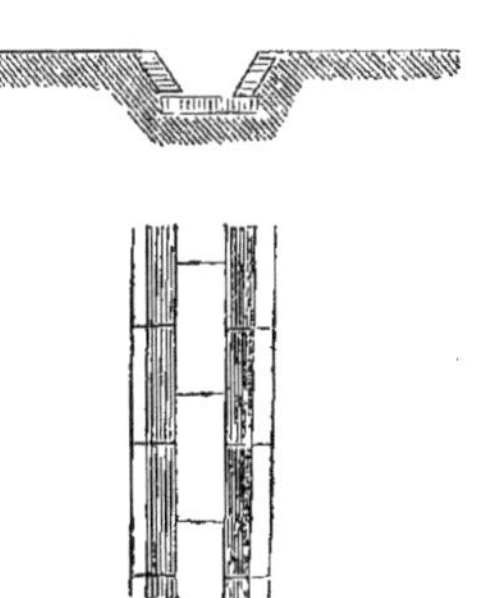
Fig. 20. — Conduit d'irrigation.

duit principal, à l'endroit où je veux commencer, au moyen d'une planche qui a la forme du petit canal, et que l'on consolide et cale avec quelques gazons. A partir de ce point, on ouvre une petite rigole de 8 à 10 centimètres de profondeur et d'autant de largeur, en découpant et enlevant des tranches de gazon que l'on place provisoirement sur le côté; on dirige cette rigole de manière qu'elle soit aussi horizontale que possible ; ensuite, on y fait entrer l'eau sur la longueur qui paraît suffisante pour que l'irrigation se fasse bien. Il vaut mieux ne pas irriguer à la fois une très-grande longueur de rigole, afin qu'il vienne plus d'eau, et que cette eau, coulant avec plus de force, descende plus promptement et plus loin, car mon terrain calcaire boit énormément d'eau, si elle ne coule pas très-vite. Quand on a irrigué toute la longueur de la rigole, on replace les tranches de gazon, on les tasse avec une dame, et la prairie se trouve unie comme avant; puis on fait plus bas une seconde rigole, au point où s'est arrêtée l'irrigation, et ainsi de suite. Quand on a irrigué ainsi un côté de la prairie, par un des deux conduits principaux, on fait de l'autre côté la même opération à l'aide de l'autre conduit. Je préfère ces petites rigoles *provisoires* à des canaux fixes et permanents : la prairie n'est pas coupée par ces conduits, qui devraient être très-rapprochés; ensuite, comme c'est à leur place que le foin vient le plus beau, si l'eau coulait toujours aux mêmes endroits, le foin y deviendrait trop fort; aussi j'ai bien soin de les changer de place à chaque nouvelle irrigation. Ce mode ne pourrait pas être suivi pour les prairies irriguées pendant l'été; mais il ne faut pas perdre de vue que mes irrigations n'ont lieu que pendant la fabrication du sucre, c'est-à-dire du 15 octobre à la fin de janvier.

Ces opérations se font très-régulièrement; les rigoles, que je paie au mètre, sont toujours préparées quelques jours d'avance, de peur de la gelée.

Chaque jour, à une heure, on ouvre les bondes à l'usine; l'homme chargé de l'irrigation se trouve sur le pré. Il passe dix minutes à régulariser, par de petites saignées ou des arrêts, l'irrigation, qui chaque fois a 25 à 30 mètres de long, et dure environ une heure et demie.

Comme les réservoirs mettent environ trois heures à se vider, il revient vers deux heures et demie faire passer l'eau dans les 25 mètres suivants de la rigole, et voilà toute la surveillance que cette opération me demande. Je puis ainsi arroser chaque jour de 5 à 6 ares.

Ces eaux, répandues fraîches et avant leur fermentation, n'ont presque aucune odeur, et, dans tous les cas, n'exhalent aucun miasme malsain. Bien que répandues forcément en automne et dans l'hiver, pendant la fabrication, elles ont singulièrement fertilisé mes pelouses, qui sont sur un tuf calcaire, en pente au midi, et sur lesquelles je n'avais un peu de verdure qu'à force d'engrais. J'ai, chaque année, une coupe magnifique et très-précoce, et ensuite assez de regain pour nourrir mes bêtes à cornes pendant deux mois.

J'apprécie, du reste, tellement les bons effets des eaux sur mes pelouses, que, depuis longtemps, de tous les points de l'habitation et même des mares qui l'avoisinent, j'y amène par des conduits toutes les eaux pluviales surabondantes.

PRAIRIES.

Comme la production du fourrage est mon premier besoin, je me suis beaucoup occupé de l'amélioration de mes prairies.

Semences.

Pour avoir de bonnes semences, je sème, dans un terrain bien fumé, des graines très-pures; je laisse mûrir ce foin comme du blé, afin d'avoir même les graines tardives. Je le fauche, je le redresse comme on fait pour les céréales, puis je le bats sur place. J'ai ainsi des semences excellentes qui me coûteraient bien cher, et avec lesquelles je renouvelle mes prairies, qui ne durent guère que cinq à six ans.

Extraction des mauvaises herbes.

Sur mes terrains calcaires, elles s'empoisonnent promptement de chardons et de certaines autres plantes pivotantes. La bêche à fourche est tout à fait incapable d'extirper les racines profondes. J'ai inventé une sorte de petite bêche-houlette extrêmement solide et garnie d'une forte ferrure, à l'aide de laquelle on soulève légèrement, par des

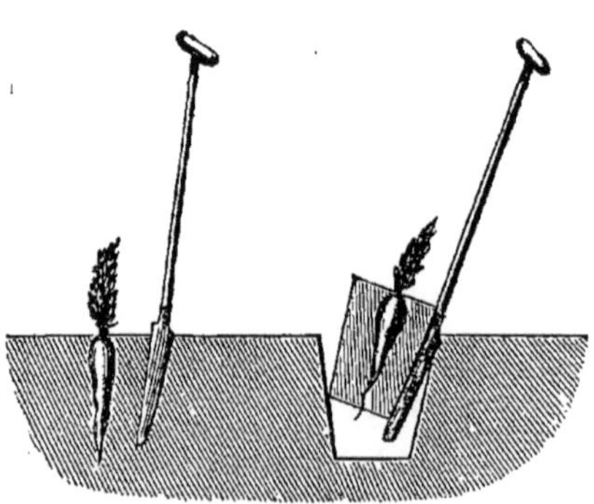

Fig. 21. — Bêche-Houlette pour les herbes pivotantes.

temps humides, la motte *entière* qui entoure la plante parasite. Cette motte fait levier et entraîne avec elle des racines de 20 à 25 centimètres de longueur, et alors, avec la main, on retire facilement de la motte soulevée la plante et sa racine, qui ne tient plus du fond. On n'a plus qu'à laisser retomber la motte qui n'a été que soulevée, et à la resserrer avec le pied, et la bonne herbe ne souffre pas le moins du monde.

Pour les mauvaises herbes à racines traçantes, j'ai des griffes en forme de fourchettes recourbées : avec ce petit

Fig. 22. — Crochet pour les herbes traçantes.

outil, les plantains, les paquerettes, etc., s'arrachent très-rapidement et avec toutes leurs racines.

J'ai dit à l'article parcage comment ce moyen tout spécial et puissant de fumure avait concouru, avec mes irrigations, à la transformation des pelouses du parc.

Transformation des terrains.

La commission sera, je pense, étonnée des foins qu'elle verra sur des prairies qui n'ont pas 12 centimètres de terre végétale, et qui reposent sur un tuf calcaire. L'amélioration de mes prairies est peut-être un de mes plus beaux succès, à cause des difficultés que le terrain et le manque d'eau m'ont données dans un pays où la prairie naturelle est entièrement inconnue. Aussi, la commission de 1862 l'a-t-elle couronné par une grande médaille d'or.

LABOURS.

Mes intruments de labours sont les suivants :

Instruments. La charrue du pays appelée vulgairement *brabant :* seulement je l'ai modifiée en remplaçant son patin, qui frotte sur la terre et exige des valets une pression sur les mancherons, qui se traduit en augmentation de poids, par le mode de tirage Dombasle. La charrue est évidemment plus légère, mais elle saute plus vite dans les terrains pierreux. Elle est toujours conduite par trois chevaux qui la tirent facilement. Néanmoins, comme la plupart de mes champs sont accidentés, cet attelage est nécessaire pour les montées.

La charrue à *double versoir* des environs de Saint-Quentin, qui évite les fausses raies. J'en ai une fort bien faite de Forêt-Colin, qui a été primée à Saint-Quentin. Je l'emploie surtout lorsque je retourne mes prairies, afin d'éviter les fausses raies et les changements de pentes; mais elle est fort chère et m'a coûté 130 fr.

Le scarificateur, vulgairement appelé, dans le pays, *diable*. Cet instrument a cinq socs, est moins joli et élégant que les scarificateurs en fer qui abondent dans les concours; mais il me plaît beaucoup à cause de sa simplicité et de son beau travail. J'ai dû modifier l'essieu du pays, dont le défaut de longueur produisait un siége à chaque voie, et maintenant, passé dans un chaume par un bon temps, il ameublit et travaille parfaitement la terre à

10 centimètres de profondeur, sans laisser un seul pouce de terre intact. Il lui faut quatre ou cinq chevaux ; mais comme ce travail est très-rapide, on le fait avant l'hiver sur les terres qu'on croit ne pas pouvoir labourer avant la mauvaise saison. Les mauvaises graines germent alors, et la terre, fendue en ados, reçoit mieux les influences atmosphériques.

J'ai aussi le scarificateur ordinaire en fer. Il fait le même travail que le *diable*, mais beaucoup plus légèrement. Lorsque la terre ne doit pas être immédiatement semée, je lui préfère beaucoup le travail du *diable ;* mais il sert utilement pour des semailles sur labours un peu retassés, ou pour semer sur chaume des trèfles anglais.

Le *binot*. Cet instrument, très-répandu dans toute la Picardie, l'Artois et la Flandre, sert à des labours superficiels, sans retourner la terre. Par des temps secs, je le remplace par le *diable*. Quelquefois, par de fortes sécheresses, le binot est le seul instrument qui puisse fendre la surface de nos terres compactes. Les cultivateurs du pays ont, absolument tous, l'habitude de *binoter* leurs fumiers après les avoir étendus, et avant de les retourner. Ils donnent ensuite un ou deux coups de herse en reculant, pour achever la division et le mélange, et pour régulariser le terrain, puis ils retournent.

Ils disent que le fumier est ainsi mieux divisé, mieux mélangé avec la terre, et que son action est plus prompte et plus uniforme.

Il y a du vrai dans ces raisons, et j'ai vu de très-bons résultats de ce travail qui, je le répète, est généralement adopté. Les frais ne sont pas fort augmentés pour le cultivateur qui a ses chevaux, car il évite les journées des ouvriers, qui, pour un labour immédiat, mettent le fumier dans la raie, et qui jamais, quelque recommandation qu'on leur fasse, ne l'y étendent également. Il est positif que, par suite de leur négligence, il se trouve bien souvent mal réparti dans la terre.

D'un autre côté, pendant l'opération du binotage, surtout si elle a lieu en été, il doit y avoir une grande déperdition de gaz, et puis, lorsque le fumier a été ainsi mélangé, il est plus difficile de le recouvrir complètement. Cependant, on répond que le binot ne travaille la terre qu'à 10 ou 12 centimètres de profondeur, et qu'en prenant le labour à 20 centimètres, on peut très-convenablement recouvrir le fumier. Avec ce soin, et surtout en faisant suivre immédiatement le binotage par le labour, je crois en définitive que cette opération est utile; et d'ailleurs, ce n'est qu'avec bien de la réserve et de la prudence qu'il faut se hasarder à condamner des usages généralement admis depuis de longues années par les praticiens d'une contrée, surtout quand elle est aussi avancée en agriculture que le nord de la France. Cet instrument, du reste, est fort bon marché, de 20 à 25 fr., et n'exige que deux chevaux.

Labours de défoncements.

Généralement, dans le pays que j'habite, on ne laboure qu'à 15 ou 16 centimètres de profondeur. C'est ainsi que j'ai trouvé toutes les terres réunies à mon faire-valoir.

Il n'y a pas grand inconvénient pour les terres calcaires, dans lesquelles la craie presque pure, qui forme un drainage beaucoup trop énergique, se trouve souvent à 20 centimètres. Mais dans les terres à sous-sol argileux ou argilo-siliceux, ces labours superficiels ne préservent les récoltes ni contre les sécheresses, ni contre les excès d'humidité.

Pour ces motifs, et aussi surtout à cause de ma culture en grand de racines, je me suis attaché à donner à ma couche arable le plus de profondeur possible. Je fais donc naturellement mes défoncements avant les racines, qui ont besoin de pivoter et qui, par leurs sarclages, nettoient et ameublissent la terre.

Mon sol argileux, qui s'ameublit et s'améliore par les gelées, est d'abord compacte et presque infertile. Je me garderais donc bien d'employer le système de M. Vallerand et sa charrue, *la révolution*. Je préfère agir progressivement et défoncer par deux labours superposés. Le premier se fait avec la charrue ordinaire ; pour le second, qui se fait au fond de la première raie, j'emploie de petites charrues spéciales que je me suis construites, dont le soc prend toute la largeur du sillon, mais dont le versoir est beaucoup moins large, afin de pouvoir passer facilement dans la raie. Ces deux labours superposés mélangent la terre de dessus et de dessous, peu à peu, et sans ramener uniquement une terre nouvelle à la surface ; puis bientôt, dès que le temps le permet, pour augmenter l'action atmosphérique et la faire pénétrer plus profondément, j'ouvre dans mes défoncements de larges billons, espacés de 60 à 70 centimètres. Je fais ce travail, qui ameublit admirablement toute cette terre défoncée, avec le binot du pays, dont j'ai allongé la *haie*, afin de la faire pénétrer plus profondément.

Mais j'ai des terres tellement remplies de cailloux énormes, que j'ai été obligé de construire un instrument tout spécial pour les labourer à plus de 10 centimètres.

Il est formé d'une monture de charrue Dombasle ordinaire, avec seulement deux énormes dents en retraite l'une sur l'autre, et un peu courbées en avant. Elles vont soulever les cailloux, et en ramènent quelquefois de 8 à 10 kilos, que plusieurs ouvriers qui suivent se hâtent de ramasser. Cet instrument est si énergique, attelé de quatre chevaux, que mes ouvriers l'ont nommé *lucifer*. Souvent, il m'a fallu trois ou quatre courses de lucifer avant que le défonceur pût passer. Dans d'autres terres, les cailloux étaient si nombreux et serrés, que j'ai pris le parti de les extraire comme d'une mine. On comprend tous les frais que m'ont coûtés de pareilles améliorations ; mais enfin, j'ai plus que doublé la valeur de ces terres, et je suis arrivé à remuer à chaque défoncement une couche de 40 à 45 centimètres.

Labours suivants.

Les défoncements n'auraient qu'une action très-restreinte, si je m'en tenais à l'année qui précède les racines. Après ces plantes viennent les céréales de mars, et surtout les avoines. Leurs labours préparatoires sont toujours faits les premiers de tous, avant l'hiver ou au commencement, et j'exige minutieusement qu'ils soient faits de toute la profondeur de la charrue, c'est-à-dire d'environ 28 à 30 centimètres. Voici les motifs de ces mesures. La seconde se comprend de soi ; je veux reprendre le plus possible de la terre défoncée, pour la faire mûrir encore pendant un second hiver, et parce que l'avoine s'accommode très-bien d'une terre nouvelle. La première a été le seul moyen que j'ai trouvé d'avoir propres mes céréales de mars, que je ne puis sarcler à cause des trèfles qui y sont semés.

En effet, les défoncements ramènent toujours une quantité de graines qui se sont conservées depuis un temps énorme en terre, en coulant au fond des labours. Si on retourne la terre au moment de semer les avoines, on peut être certain de les avoir empoisonnées de mauvaises herbes. En labourant avant l'hiver, toutes ces graines germent aux premiers beaux jours, et sont détruites par plusieurs coups d'extirpateur et surtout de mon diable, qui suffisent parfaitement sans nouveau labour pour les semailles d'avoine. Par ce procédé, je suis parvenu à les avoir parfaitement nettes, ainsi que les trèfles qui les suivent, et qui sont toujours les plus beaux du pays.

Roulages.

Ici je crois les usages du pays très-mauvais. On y a des rouleaux d'un très-petit diamètre, 25 à 30 centimètres, et d'une longueur énorme, 2^m à 2^m 20, tout d'un morceau. Il en résulte que les roulages sont très-imparfaits. Il suffit de la moindre motte un peu dure, de la plus petite ondulation du terrain, pour que le rouleau n'agisse pas sur la plus grande partie de sa longueur. J'ai pris le système opposé.

J'ai d'abord un rouleau de 1^m 10 de diamètre sur 1^m 80 de longueur, pouvant se charger intérieurement. Il est à limonière ; il me sert pour des terrassements, pour des routes en terre rechargées ou réparées.

Pour les champs, j'ai quatre rouleaux articulés, de différents poids, composés de quatre disques, en partie ou entièrement garnis de fer ; l'essieu joue largement dans les disques, de manière à les rendre indépendants l'un de l'autre, de sorte qu'une motte ou un pli de terrain qui agit sur l'un n'agit pas sur les autres, qui continuent à faire leur effet ; de sorte encore que lorsque le rouleau tourne au bout du champ pour revenir sur la voie, deux disques tournent en avant, et deux en arrière, sans arracher les plantes par leur frottement, comme le font les rouleaux d'une seule pièce. Chaque disque a 35 centimètres de longueur, ce qui donne au rouleau une longueur totale de 1m 40 à 1m 50 ; leur diamètre varie de 30 à 45 centimètres. Cet excellent instrument a le grand avantage de faire beaucoup d'ouvrage, tout en le faisant parfaitement. Il coûte un peu cher ; mais aussi, à cause de ses armatures de fer, il dure très-longtemps.

Enfin, j'ai l'excellent rouleau Groskill. Je l'emploie au printemps avec un grand succès sur mes terres légères, dans mes avétis, et chacun sait que le rouleau Groskill a le grand avantage de donner un tassement profond appliqué à la racine même de la plante, sans lisser et durcir la surface de la terre. Il m'est encore très-utile pour ameublir mes terres pour mes semis de betteraves ; il m'est surtout très-précieux par les sécheresses pour diviser mes terres argileuses, sur lesquelles alors mes autres rouleaux sont sans action.

Autres instruments. J'ai pour butter mes pommes de terre un butteur ordinaire en fer, à ailes ou versoirs mobiles.

J'ai des houes à cheval pour sarcler mes betteraves, à

un soc et à trois socs, suivis d'une petite herse. Je m'en sers dans le premier moment de la levée des betteraves : la houe à trois socs d'abord, qui agit plus superficiellement ; la houe à un soc, qui pénètre plus profondément, ensuite. Mais bientôt je trouve que le passage des chevaux cause tant de dommages, que je préfère le travail des femmes, et je le préférerai tant qu'elles ne me manqueront pas.

J'ai encore le binot-semoir de Jacquet-Robillart. C'est un excellent instrument pour semer en lignes les fèves que l'on veut récolter pour la graine. Il ouvre à la fois le sillon et y dépose la graine.

J'ai pour toutes mes graines deux semoirs de Jacquet-Robillart, dont je suis extrêmement content, surtout depuis qu'il a remplacé les engrenages par un levier articulé. Pour mes betteraves, j'ai quatre semoirs spéciaux de Pénin et de Bootz, qui sont plus simples et moins chers. Il m'en faut beaucoup, parce que je les prête aux cultivateurs qui m'ont vendu leurs betteraves.

SEMIS.

Toutes mes racines sont semées au semoir et en ligne. Je les sème au printemps, le plus tôt possible. Malheureusement, par les printemps pluvieux, je ne puis faire de semis précoces dans mes terres argileuses, qui, cependant, par suite de mes défoncements, s'assèchent bien plus tôt que celles des autres cultivateurs. Sous ce rapport, mes terres calcaires me sont bien précieuses, car je commence par elles quinze jours et trois semaines avant de pouvoir entrer dans les autres. Sauf par des temps exceptionnels, je sème aussi au semoir toutes mes céréales, ce qui me donne de grandes facilités pour les sarclages. Cependant, en 1860 et en 1865, j'ai été obligé de semer à la main une partie de mes terres argileuses, à cause des pluies continuelles, car en agriculture, il faut avoir bien peu de règles absolues : il faut savoir se plier aux circonstances atmosphériques.

Mes blés de semence sont soigneusement chaulés par le procédé Dombasle, de la chaux et du sulfate de soude, et pour vulgariser ce procédé, j'ai promis 50 centimes par épi de blé noir qu'on trouverait dans mes champs.

Je mets le plus grand soin au choix de mes graines de semence. Je fais prendre à la main, dans les gerbes, les *épis* les plus purs et les plus beaux. Je préfère cette méthode à celle du triage des *grains*, parce que souvent on voit un grain énorme dans un petit épi maigre, tandis que le bel épi ne vient que sur une tige vigoureuse. Je sème ainsi 1 hect. 50 ares, qui me donnent l'année suivante *le blé de semence* de toute la sole.

J'ai ainsi conservé et amélioré des espèces qui cependant dégénèrent vite ailleurs. Aussi, mes blés sont très-recherchés *pour semence*, et connus sur le marché de Cambrai, et il en résulte un bénéfice important pour moi, car je vends pour semence tout ce que j'ai de blé à vendre, et je réserve pour la consommation de ma maison celui que m'a laissé le trieur Pernolet.

J'ai cherché à reconnaître, par les procédés et à l'aide du nécessaire Vilmorin, les betteraves les plus riches, et je me suis ainsi choisi mes porte-graines. J'ai aussi cultivé la betterave Vilmorin. Malheureusement, cette espèce donne une racine fourchue et pleine de radicules. Je ne crois pas, du reste, qu'elle constitue encore une variété bien fixée.

J'ai préféré faire venir des graines de betteraves de Silésie, et je fais chaque année choisir avec le plus grand soin mes porte-graines, d'après leur forme et leur poids.

Céréales.

Au printemps, je ploutre mes céréales avec mes herses quadrangulaires, puis je les roule, suivant le temps. Les terres calcaires le sont plus énergiquement et plus souvent que les terres argileuses ; enfin, je donne presque toujours un léger sarclage dans les lignes.

Malheureusement, à cause des semis de trèfle, je ne puis en faire autant dans mes avoines, qui étaient autrefois empoisonnées par la sanve jaune et blanche (vulgairement appelée sené). Cette maudite graine oléagineuse, ronde et lourde, coule au fond des labours et s'y conserve presque indéfiniment. Lorsqu'on laboure profondément, on ramène des graines qui y doivent être depuis des temps énormes, car on a été souvent dix ans sans en voir, et puis, tout à coup, les champs en sont couverts; voilà pourquoi dans mes avoines, après mes labours de défoncement, j'en étais souvent infesté. J'ai d'abord pris le parti coûteux de les faire arracher à la main, et maintenant, surtout avec mes labours pour avoines faits avant l'hiver et suivis d'un hersage au printemps, j'en suis parfaitement débarrassé, tandis que souvent les champs du pays en sont couverts.

Ce sont les racines qui demandent le plus de soin.

Pommes de terre. Les pommes de terre sont hersées plusieurs fois avant et au moment de la levée; plus tard, on passe la houe à cheval, et les femmes sarclent dans les lignes : enfin, on butte une ou deux fois.

Carottes. Les carottes sont semées en lignes et entièrement sarclées à la main, car les lignes sont plus rapprochées que celles des betteraves, et la houe ne pourrait y passer.

Betteraves. Les betteraves sont cultivées de la manière suivante : au moment où elles lèvent à peine, les plantes parasites sont déjà bien grandes. Alors on passe un ou deux coups de la houe à cheval à trois socs; plus tard, dès que les betteraves sont bien levées, des femmes les *placent à bouquets,* c'est-à-dire qu'en suivant les lignes et se plaçant de biais, elles divisent avec leurs sarclètes ces lignes, de manière à ne laisser que des bouquets de cinq à six betteraves espacés de 18 à 20 centimètres, et sans s'occuper nullement d'éplucher ces bouquets. Presque immédiatement, pour ne pas laisser épuiser la terre par des betteraves inutiles, des enfants passent, et avec leurs petits doigts, et sans aucun instrument, ils arrachent à la main, dans chaque bouquet, les moins belles plantes, pour ne laisser que la plus vigoureuse : cette opération s'appelle *démarier* les betteraves. L'espacement de 20 centimètres est bien plus petit que celui laissé autrefois; mais, dans l'intérêt de ma culture comme dans celui de ma sucrerie, je ne veux pas chercher à avoir de grosses betteraves qui deviennent creuses et donnent de très-mauvais jus. J'aime mieux avoir des betteraves moins grosses et plus serrées. Comme elles sont plus lourdes, la culture y trouve son affaire, et la sucrerie reçoit des betteraves beaucoup plus riches et qui se conservent mieux.

Le travail, ainsi divisé, va plus vite et est meilleur, parce que l'ouvrier ne fait qu'une seule chose à la fois; et l'épluchage à la main par des enfants ou des femmes a l'avantage que la betterave conservée n'est jamais attaquée par la rasette.

La betterave une fois *placée*, on attend douze ou quinze jours, pour laisser se fortifier, puis on donne un coup de houe à cheval à un seul soc; mais bientôt, je laisse là cet instrument, les pieds du cheval me faisant plus de tort que la différence du prix du travail à la main.

Comme je l'ai déjà dit, je fais maintenant faire mes sarclages à la journée sous des surveillants. Je m'en trouve beaucoup mieux que des sarclages à la tâche, pour lesquels le caractère de nos ouvriers ne m'offre aucune garantie.

J'ai surtout le grand avantage, dans notre climat si variable, *de porter, en cas de menaces du temps, toutes mes forces sur le point qui presse le plus.* En 1860, par cette année si difficile, toutes les betteraves sont restées affreusement sales à vingt lieues à la ronde. Les miennes ont été parfaitement nettoyées, sauf une pièce que j'avais donnée à la tâche.

Je n'ai pas de règle uniforme pour les façons; je

donne celles qui sont nécessaires, suivant l'année et le temps.

Quant à l'arrachage des betteraves, comme ce travail ne peut guère être mal fait, je le donne à la tâche. En général, on paie 36 fr. l'hectare. En 1860, on ne trouvait pas d'ouvriers, et le travail restait mal fait, pour 50 et 60 fr. l'hectare.

FENAISON.

Je fane mes foins en vue de les faire sécher le plus vite possible. Pour cela, j'ai des femmes qui, en grand nombre et placées en ligne, exécutent une sorte d'évolution régulière, et, sans se contenter de retourner le foin, le secouent en l'air avec des fourches et des râteaux, et ne le laissent jamais en repos. Le soir du premier jour, on le ramasse avec des râteaux en longs rouleaux, ce qui préserve l'intérieur, des rosées qui jaunissent le foin ; le lendemain, on étend de nouveau, puis on secoue, et le soir, après avoir refait les rouleaux, on les coupe tous les cinq mètres, et on en rapproche les deux bouts, de manière à former des petits tas serrés de trois à quatre bottes. Le surlendemain, on étend et on secoue de nouveau, et si le temps est beau, il est bien rare qu'on ne puisse pas, le soir, mettre en meules. On les recouvre d'un petit chaperon en paille lié à la meule au moyen d'un boudin tordu que l'on tire de son intérieur. Le foin, ainsi récolté, a une couleur superbe et une odeur exquise. Avec ces chaperons, et une fois le tassement fait, il peut rester sans danger sur le pré, où on le laisse toujours au moins huit jours. Mes deux troupeaux pâturant une grande partie des prairies, j'ai peu de foin à récolter. Quand j'en ai davantage, j'emploie la faneuse Nicolson.

Je ne suis pas le même procédé pour les trèfles et les luzernes, qui casseraient et se réduiraient en poussière : nous nous contentons de les retourner avec une fourche en bois, puis de les étendre ; mais toujours, par les années pluvieuses, je fais dresser, l'une contre l'autre, de fortes poignées de trèfle et de luzerne, puis nous les assujettissons en tordant leurs têtes. Alors l'air et le vent passent facilement, et le fourrage supporte bien mieux les plus mauvais temps.

MOISSON.

Salaires des moissonneurs.

J'ai adopté pour ma moisson, comme pour mes sarclages et mes fourrages, le système que j'ai déjà exposé. Je fais tout faucher à la tâche ; puis je fais retourner, lier et rentrer les récoltes par des ouvriers et des ouvrières à la journée, sous la direction d'un chef d'atelier.

C'est pour la moisson, bien plus encore que pour les sarclages, que je trouve à ce mode d'opérer l'avantage énorme de porter toutes mes forces sur le point menacé par le mauvais temps.

L'usage du pays est de louer des moissonneurs et des recueilleuses pour faire toute la moisson moyennant un prix fixe, partie en blé, partie en argent ; de plus, les moissonneurs battent le blé au seizième ; ils doivent charger les fumiers à des prix très-modiques ; enfin, dans quelques grandes fermes, il reste encore l'usage des *corvées;* c'est-à-dire que, largement rétribués pour les travaux de la moisson, ils doivent, en compensation, faire d'autres travaux pour presque rien.

Avec les mœurs patriarcales anciennes des ouvriers agricoles, qui se regardaient de père en fils comme inféodés à la ferme où ils vivaient et mouraient, qui n'appelaient jamais le fermier que *le maître,* de tels usages, comme beaucoup d'autres encore, pouvaient ne pas présenter d'inconvénients; mais aujourd'hui que les mœurs des ouvriers, comme aussi ceux des maîtres, sont très-changées, il est facile d'en apercevoir les dangers. Le moissonneur qui recevrait les mêmes gages, que la moisson soit courte ou longue, que les récoltes soient rapidement ou péniblement rentrées, ne se presserait jamais, et si quelques parties périclitaient, le cultivateur serait bien obligé de prendre, coûte que coûte, des ouvriers supplémentaires à une époque où tous les ouvriers sont employés, c'est-à-dire qu'il ne se passerait pas d'année où il ne serait forcé, de peur de pertes plus considérables encore, de faire faire, par des ouvriers payés hors de prix, une partie de l'ouvrage pour lequel il paie déjà ses moissonneurs. De plus, tandis que les moissonneurs sont à faucher d'un côté du territoire, si un orage menace et qu'il y a du blé à lier ou à rentrer à l'autre bout de la commune, vite il faut laisser la faux, courir à la ferme, chercher des liens, puis courir au champ menacé, et dans tous ces trajets perdre beaucoup de temps précieux.

Les *corvées* mal payées sont toujours mal faites, car les hauts bénéfices de la moisson sont promptement oubliés.

Le blé battu au seizième est le gros bénéfice du moissonneur. Il bat toujours mal, car le premier coup de fléau lui rapporte bien plus que celui qui arracherait les derniers grains.

D'ailleurs, enfin, ayant, Dieu merci, une machine à battre, je dois de toute nécessité faire à mes moissonneurs de toutes autres conditions, et partir de bases entièrement différentes.

Voici celles qu'après bien des réflexions j'ai adoptées.

Je donne à des moissonneurs retenus d'avance le fauchage de mes foins, de mes prairies artificielles et de ma récolte, à la tâche, en les payant à l'hectare. Ils fauchent sans discontinuer et sans être jamais dérangés, sauf des cas très-exceptionnels. Les moissonneurs et les recueilleuses reçoivent, toutes les fois que je les emploie à la journée, un centime à l'heure de plus que les autres ouvriers. Cette prime me permet de choisir mes moissonneurs et mes moissonneuses parmi les meilleurs.

Je donne par hectare :

Aux faucheurs....................	52 litres de blé.
Aux recueilleuses.................	26 —

Les payant séparément, par pièce, *et pour le travail qu'ils me font*, j'ai toujours le droit de prendre des ouvriers supplémentaires en cas de presse, et, par exemple, chaque année, je fais *piqueter* les récoltes *versées;* le travail du *piquetage* (méthode flamande, appelée aussi *sape)* est bien plus parfait, mais bien plus lent et plus cher que celui de la faux. Il coûte, en effet, 18 à 19 fr. l'hectare.

Toutes les fois que je puis récolter mes fèves assez tôt, je les fais piqueter également. Par exception, lorsque d'autres travaux m'ont forcé de les laisser trop mûrir, alors les cosses et les graines sauteraient, et je les fais récolter à la faucille, comme tout le monde dans le pays.

Tous mes autres travaux sont faits par ma bande d'ouvriers et d'ouvrières qui m'a fait mes sarclages, et que j'emploie ainsi sept à huit mois de l'année. Je les porte, autant que possible réunis, pour faciliter la surveillance, sur le point où les travaux pressent. Si le temps est sûr, une partie fane les foins avec l'économe, tandis que l'autre sarcle avec le surveillant; les meilleurs lient, tandis que les autres retournent. Mais si le temps menace, je précipite mes cinquante ouvriers et ouvrières sur le foin qu'il faut mettre en meules, ou sur le blé qu'il faut lier ou rentrer, ou bien encore sur la pièce où les herbes nous ont gagnés, et où la terre compacte ne permet les sarclages que par de très-beaux temps.

Sans doute, il faut plus de soins et de surveillance. Je ne blâme point la méthode des travaux à la tâche donnés partout dans les environs de Paris à des ouvriers dont le caractère ne ressemble pas à celui de nos ouvriers du Nord; mais l'agriculture est avant tout une science d'applications, et non de serviles copies, et après trente ans d'expérience, j'ai la conviction que ma méthode est la meilleure pour le pays que j'habite.

J'affirme que depuis que j'ai établi ainsi l'ordre de mes travaux, j'ai mes racines plus propres, et je rentre en général mes foins et mes récoltes dans un meilleur état que mes voisins, et la terrible année de 1860 en a été une preuve irrécusable. Mes foins et mes céréales sont abattus si promptement et si bien, que je me garderais d'acheter une machine à faucher, qui rejetterait dans l'industrie tous ces bons ouvriers que je suis parvenu à conserver jusqu'ici. D'ailleurs, mon terrain accidenté et rempli de pierres en rendrait le travail difficile.

Travaux de la moisson.

Quant aux travaux spéciaux de la moisson, ils sont chez moi les mêmes que partout ailleurs.

Je signalerai seulement un petit détail de soins :

Comme règle générale, je mets toutes mes céréales, aussitôt qu'elles sont fauchées, en petites meulettes appelées dans le pays *madames*. Pour en faciliter l'exécution et la régularité en même temps, j'ai un bâton ferré de 1m 50 de long, percé de deux trous à angle droit, à 80 centimètres de hauteur ; on fiche le bâton en terre, et, dans les deux trous, on passe deux baguettes qui forment croix : entre chaque branche de cette croix on dresse deux javelles, les têtes appuyées les unes contre les autres, et les pieds écartés

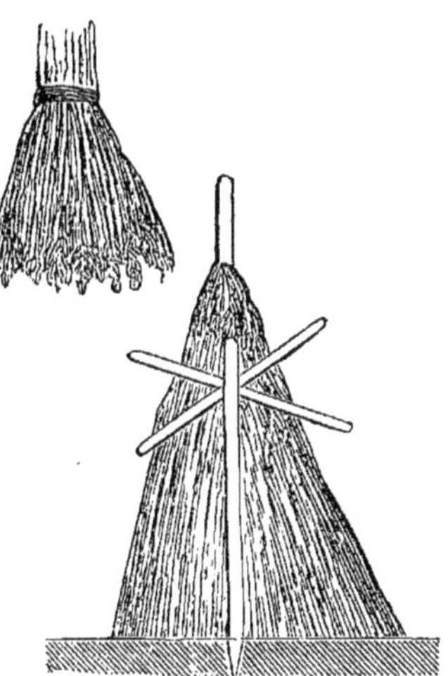

Fig. 23. — Meulettes.

de manière à se soutenir entre elles ; puis on retire horizontalement les baguettes, et verticalement le bâton. Sur ces huit javelles, placées ainsi bien régulièrement, on pose un bonnet formé de deux javelles liées par le bas et les épis renversés, et on a une meulette dans laquelle l'air circule, le grain mûrit, et qui supporte de bien mauvais temps. Mais mes ouvriers sont maintenant si habitués à ce travail que, la plupart du temps, les meulettes sont faites sans l'emploi des bâtons. Avec cette méthode, on fait sa moisson tranquillement, ne défaisant les madames que pour les lier et les rentrer au fur et à mesure, et si la pluie arrive, on arrête les lieurs, et il ne reste au mauvais temps que des meulettes qui le bravent.

Récolte et conservation des racines.

La meilleure méthode pour la conservation des racines est encore discutée : pour les pommes de terre et les carottes, je les fais rentrer dans les caves, où de temps en temps on les trie et on les nettoie. J'ai longtemps introduit, dans l'intérieur des masses de racines, des tuyaux d'aération formés de lattes et aboutissant à l'extérieur ; je m'en suis fort mal trouvé, et nous avons reconnu que le courant d'air que nous avions introduit hâtait la végétation et la pourriture.

Quant aux silos de betteraves, ils sont toujours garnis de terre sur les côtés ; mais les uns les recouvrent de terre, les autres seulement de foin. Je crois que le succès de l'une ou de l'autre méthode dépend du temps. S'il fait longtemps doux, les silos recouverts de foin sont préférables, parce que la masse peut dégager sa chaleur par le haut. S'il gèle très-fort, si surtout il tombe de la neige qui fonde et se gèle après, alors les silos recouverts de terre sont les meilleurs. Pour moi, j'ai fini par adopter, pour ma sucrerie, les silos recouverts d'une bonne couche de foin de marais, qui me fait ensuite d'excellent fumier.

SILOS DE PULPE.

Chaque couche de pulpe est bien tassée, saupoudrée de sel et mélangée avec des courtes pailles qui se *confisent* avec la pulpe et la rendent plus légère ; au bout d'un an, cette pulpe est une nourriture exquise pour les animaux. On termine le silo en forme de toit qu'on recouvre de terre battue fortement, pour éviter toute infiltration d'eau.

CONSERVATION DES PRODUITS.

J'ai chaque année, dans l'été, le soin de faire bien nettoyer les aires et les charpentes des granges, d'y faire détruire les trous de souris et damer fortement le sol ; puis, avant de rentrer aucune récolte, je le couvre de branches avec leurs feuilles séchées seulement de cinq à six jours. J'ai eu longtemps une partie de mes meules montées sur des pieds en bois grossier pris dans de fortes branches de chêne, et montés comme l'indique la figure ci-contre. Sur cet assemblage, on ajoute d'autres pièces de bois qui sont posées sans être fixées, pour compléter le plancher de la meule. Pour empêcher les souris de monter, j'ai placé à chaque pied P un collier en zinc C. Malheureusement, on apporte une grande quantité de souris avec les gerbes. En général, elles remontent dans le haut de la meule, dont le sommet se trouve tout mangé. Mais il ne faut pas se dissimuler que, pour être faits de bois grossier, ces pieds de meules coûtent fort cher, car elles doivent présenter une grande solidité. Le poids de la meule est si considérable, que si le pied n'est pas parfaitement construit et équilibré, la meule culbute. C'est ce qui m'est arrivé une année ; mon économe, qui était sur la meule, a eu le poignet foulé, et les ouvriers ont été longtemps en défiance.

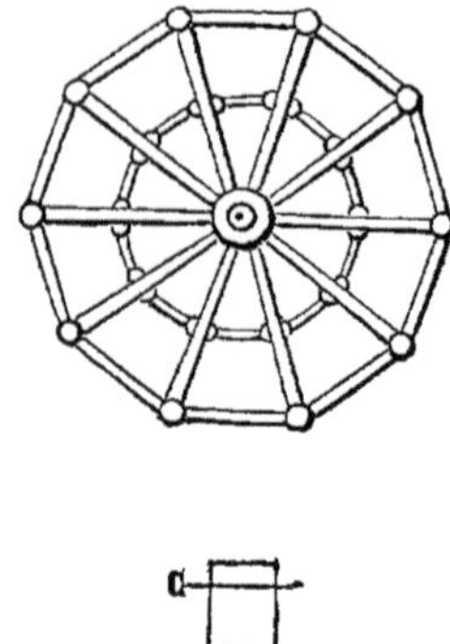

Fig. 24. — Pieds de meules.

Mes greniers à grains sont planchéiés. Je fais de temps en temps repasser mes grains au van, et jamais nous n'avons eu de charançons. En général, il n'y en a pas à Havrincourt ; il n'y a qu'une seule ferme qui en a toujours.

BATTAGE DES CÉRÉALES.

Comme je l'ai dit à la page 79, j'ai une batteuse de Duvoir, mue par une petite machine à vapeur horizontale, timbrée de quatre chevaux. J'ai expliqué à la même page comment je l'ai établie, et je crois cette organisation extrêmement commode et complète.

Je ne m'étendrai pas sur les avantages énormes de la machine à battre, ni sur l'emploi de la vapeur comme moteur préférable aux chevaux.

Ces avantages sont aujourd'hui des axiomes, et ce mémoire est déjà trop long pour que j'insiste sur des généralités, quand j'ai déjà été si étendu sur les spécialités de mon domaine.

J'ai quelquefois battu pour des cultivateurs à raison de 1 fr. l'hectolitre. Mais cela a été très-rare, les ouvriers et moissonneurs menaçant de quitter les fermiers, s'ils sont privés de leur battage.

Je suis fort content de ma machine; elle me bat parfaitement mon grain, et même, par des années pluvieuses, elle m'a très-bien battu des avoines un peu germées; seulement, il fallait avoir la précaution de n'engrainer que peu à la fois. Malheureusement, je n'ai pu encore lui faire battre les fèves.

Ma machine me bat en moyenne 100 gerbes de blé par heure de travail. Elle emploie deux femmes pour délier et engrainer, et une pour avancer les gerbes, un homme pour recueillir et porter le grain au grenier, deux hommes pour recueillir la paille et la lier.

Lorsque je rentre en grange des céréales mises en meules, je les place toujours dans le tas D qui commence au sol; puis, à partir de la hauteur de la plate-forme C', le tas s'étend sur cette même plate-forme jusqu'au toit, de sorte qu'une femme suffit parfaitement pour avancer les gerbes aux engraineuses. Ce tas peut contenir facilement une meule moyenne, et alors d'avance, lorsqu'il fait beau, je le remplis lorsqu'il est vide.

Ma machine consomme 25 litres de charbon par heure.

En évaluant tous ces frais, sans y comprendre l'intérêt du capital, ni les frais d'entretien de la machine, j'ai trouvé que le battage me revenait à 1 fr. 50 les 100 gerbes.

Le service du coupage, du concasseur d'avoine et du broyeur de tourteaux prend peu de place, et ne gêne en rien la batteuse; lorsqu'elle marche, les frais de ces instruments sont bien faibles. Souvent on fait marcher la machine pour le coupage et le tourteau seuls; je traiterai cette question plus tard. Le coupage tombe dans son magasin, qui est tout près des cuves à fermentation.

Le tourteau tombe broyé dans un sac où on le recueille.

ANIMAUX DOMESTIQUES.

Chevaux. Presque tous mes chevaux sont mes élèves, mais je n'élève pas en grand pour vendre; l'élevage n'est pour moi qu'un accessoire, dans le seul but de fournir ou à peu près à mes besoins. Sur trente chevaux de trait, j'ai six à sept juments que je fais saillir sans qu'elles cessent de travailler, si ce n'est quelques jours avant de mettre bas; seulement, on les ménage dans les derniers temps de leur gestation, et je confie en général les juments pleines aux conducteurs les plus doux. Lorsqu'elles ont mis bas, je les place la nuit dans de petites écuries ou boxes construites à cet effet; puis le jour dans les pâtures, closes à cette intention, d'une partie du parc, où elles trouvent, avec leurs poulains, de l'ombrage et des hangars. J'élève tous les ans quatre à cinq poulains qui m'ont vraiment donné des chevaux excellents; nés et élevés chez moi, ils sont habitués au sol et au climat, et ils n'ont pas à subir cette difficile transition du jeune cheval que l'on dépayse. Les valets, qui les ont vus tout jeunes, s'y attachent de bonne heure, leur donnent de petits noms, sont doux avec eux, et, en revanche, jamais je n'ai eu un de mes élèves rétif, ni même difficile. Il est curieux d'entendre les domestiques parler avec affection de ces élèves, tandis qu'ils ont une profonde indifférence pour les chevaux achetés.

L'élevage des chevaux n'est donc pas pour moi une spéculation spéciale, mais le complément de la base de tout mon système, qui consiste *à élever tous mes animaux sans exception, parce que ma comptabilité prouve que j'y trouve de sérieux bénéfices. Je veux montrer aux cultivateurs du Nord, qui abandonnent presque tous l'élevage, qu'en donnant des soins intelligents à nos races, nous pouvons, aussi bien que les Anglais, élever avec bénéfices tous les animaux de notre agriculture, et trouver dans cette industrie un charme et des satisfactions que ne procureront jamais des animaux achetés sur les foires.*

Je ne me suis pas attaché à une race spéciale ; quand j'ai vu une jument remarquablement constituée, ayant des membres et moins de corps que la grosse race flamande qui semble destinée à l'engraissement, je l'ai achetée. Ainsi, j'ai une superbe percheronne, plusieurs boulonnaises, une ardenaise, une bretonne, une croisée. Pendant longtemps j'ai fait saillir mes juments par des étalons rouleurs boulonnais. J'ai eu aussi quelques élèves des chevaux demi-sang du gouvernement, afin d'avoir des chevaux plus légers pour les courses de la maison.

Ces derniers chevaux, du reste, m'ont fait un excellent service, placés en avant des attelages de nos chariots flamands, qui nous permettent d'employer des chevaux bien plus légers que les gros limoniers des lourdes charrettes à deux roues, des environs de Paris.

Je n'ai donc pas de race spéciale, mais d'excellents chevaux de service qui me font un travail énorme, et lorsque les charrois de betteraves amènent à mon usine tous les chevaux du pays, je vois avec orgueil les cultivateurs admirer mes attelages bien appareillés, tendus également et sans secousse sur leurs traits, amenant sans effort à ma bascule des voitures de betteraves régulières, mais très-fortement chargées.

J'ai distingué, parmi mes poulains, un cheval dont la conformation m'a plu, et je lui ai donné pendant cinq ans mes juments; je les fais en général saillir au printemps et à cinq ans.

C'est généralement à la foire du 24 de chaque mois, à

Cambrai, que les cultivateurs du pays achètent leurs chevaux ; un bon cheval de trait de quatre et cinq ans coûte, suivant sa force, de 800 à 1,100 fr. J'ai payé cependant, il y a six ans, une jolie petite jument ardenaise, 500 fr. Il vient aussi à ces marchés, de Normandie et de Belgique, beaucoup de poulains de six mois à un an. Ils ne valent pas moins de 3 à 500 fr.

Nourriture et dépense quotidienne.

Mes chevaux reçoivent la ration suivante :

10 litres d'avoine et 9 kilos de coupage pesé sec, mais arrosé ensuite de mélasse étendue d'eau et fermentée.

Ce coupage est formé de cinq sixièmes de fourrage et un sixième de paille.

Il est entassé dans de grandes cuves ; chaque couche, de 15 à 20 centimètres, est arrosée de mélasse étendue de quinze fois son volume d'eau ; puis ce mélange bien tassé est recouvert, et on le laisse fermenter vingt-quatre heures.

Plusieurs expériences m'ont fait reconnaître qu'après l'addition de mélasse étendue et la fermentation, le coupage gagnait un tiers en poids; c'est donc 12 kilos de coupage fermenté que je donne par cheval et par jour.

Cette fermentation développe un arôme alcoolique très-appétissant. Je ne doute pas qu'elle ne favorise la digestion de l'animal, et ne rende plus complète l'assimilation de la nourriture. Aussi, jamais mes chevaux ne se sont mieux portés que depuis qu'ils sont à ce régime. En 1860 et l'été dernier, pendant que le générateur de ma machine a dû être envoyé en réparation, et qu'on n'a pu faire de coupage, on s'en est promptement aperçu à l'état des chevaux.

Il va sans dire que je me suis rendu compte de ce que coûte le coupage, et que j'ai fait la comparaison de son prix de revient avec celui de la ration de fourrage sec.

Un cheval de trait reçoit en général, pour sa ration ordinaire de fourrage, 10 kilos par jour. Cette ration, au prix de 40 centimes la botte de 5 kilos, représente une valeur de 0,80

Or, j'ai déjà dit que la ration de 12 kilos de coupage fermenté était produite par 9 kilos de coupage sec. Cherchons ce que coûtent ces 9 kilos, et ajoutons-y le prix de la mélasse et la main-d'œuvre. Je vais d'abord chercher le prix d'un kilo de coupage. Au prix de 40 centimes les 5 kilos, compté ci-dessus pour le fourrage, le kilo vaut. 0,08

La paille vaut 0,20 les 5 kilos, soit le kilo. . . 0,04

Je mets 10 kilos de mélasse pour 50 bottes, pesant 250 kilos sèches ; 10 kilos de mélasse valent aujourd'hui 1 fr. 20. Il en résulte que pour un kilo de coupage, je mets de la mélasse pour une valeur de. 0,0048

Lorsque je fais marcher la machine pour le hache-paille seul, les frais de consommation de charbon et la main-d'œuvre s'élèvent à 0,03 par botte de 5 kilos, soit par kilo à 0,006. ci. 0,006

Partant de ces données, il est facile maintenant de calculer le prix de revient de la ration de coupage.

Ce coupage est composé d'un sixième de paille et de cinq sixièmes de foin : le kilo de coupage sera donc composé d'un sixième de kilo de paille et de cinq sixièmes de kilo de foin.

Un sixième de kilo de paille, à 0,04 le kilo, vaut	0,0066
Cinq sixièmes de kilo de foin, à 0,08 le kilo	0,0665
Prix d'un kilo de coupage sec..................	0,0731
Valeur de la mélasse pour un kilo de coupage sec..........	0,0048
Main d'œuvre et charbon	0,006
Prix total d'un kilo de coupage avec frais et addition de mélasse..	0,0839
La ration étant de 9 kilos de coupage sec, son prix ressort de..	0,7551

Soit, 0 fr. 755, ou 0 fr. 045 de moins que la ration sèche. Mais j'ai fait mon calcul dans les conditions les plus défavorables. En effet, pour éviter des détails minutieux et difficiles, j'ai supposé que la machine marchait pour le hache-paille seul, tandis que toutes les fois qu'elle le fait marcher en même temps que la batteuse ou les autres instruments, et c'est le cas le plus fréquent, les frais sont extrêmement diminués, puisque le salaire du machiniste, comme la consommation du charbon, ne sont plus supportés entièrement par le coupage.

Mon coupage me donne donc les avantages suivants :

Économie ;

Meilleure santé et meilleur entretien des chevaux, et enfin remplacement d'un sixième de fourrage, dont on est toujours à court, par un sixième de paille.

Je regarde donc le coupage fermenté, tel que je le donne, comme une précieuse amélioration dans ma ferme.

Il y a une petite précaution à prendre dans la pratique : les chevaux fouillent et poussent le coupage avec le nez et en jettent bientôt hors de leurs mangeoires.

Il est indispensable de les en empêcher en couvrant les mangeoires d'une sorte de râtelier horizontal.

Mes poulains de un à deux ans ont pour ration 3 litres d'avoine et 6 kilos de coupage; de deux à trois ans, leur ration est de 6 à 8 litres d'avoine et 9 kilos de coupage.

Une amélioration importante que j'ai introduite, dans le régime de mes chevaux, est l'établissement de bacs sous leur mangeoire.

Chaque cheval a sous sa mangeoire un bac que le valet de charrue doit toujours entretenir plein d'eau. Il est curieux de voir comme le cheval, après avoir mangé un peu, baisse la tête, allonge le cou, boit une gorgée, puis se remet à manger, alternant sa nourriture et sa boisson, absolument comme nous le faisons nous-mêmes dans nos repas. Sans ce soin, le cheval se gorge à la mare en rentrant, puis passe tout le temps de son repas et même la nuit sans boire. Je suis persuadé que bien des maladies sont évitées par l'emploi de ces bacs.

Élevage des poulains.

Mes poulains restent jusqu'à deux ans en liberté, l'hiver dans des boxes, et l'été dans des prairies closes, où des hangars sont disposés de manière que chacun sert pour deux parcs.

Leur construction mérite, je crois, quelque attention. Le détail ci-joint est une coupe en travers : trois poteaux semblables à celui P P supportent toute la construction, et le palis de séparation de deux clos se trouve dans le prolongement de la ligne des trois poteaux.

J'ai cherché, tout en rendant ces hangars légers à l'œil, à éviter les causes d'accidents pour les poulains qui arrivent souvent au galop à leur râtelier, et pour cela à me passer des poteaux qui sont ordinairement placés en avant pour soutenir les chevrons du toit; pour y arriver, j'ai fait deux toits égaux, les chevrons de la même longueur, le toit de la même épaisseur, afin qu'ils se fissent tout à fait équilibre.

Mais surtout je me suis attaché à donner à mes poteaux du milieu une grande solidité.

Pour cela, je leur ai percé en terre un trou de 1m 50 en carré sur un 1m 20 de profondeur. A l'extrémité en terre du poteau, j'ai cloué une croix en chêne c; à 15 centimètres au-dessus du sol, je leur ai solidement fixé, dans le sens des deux toits, deux jambes de force J en chêne brut, de 60 centim. de longueur sur 20 centim. environ d'épaisseur, qui s'enfoncent obliquement dans le trou que j'ai rempli de pierres et de bricailles liées avec du mortier liquide, de manière à faire un béton très-solide, c'est-à-dire que j'ai donné à ces poteaux, qui sont de petits chênes avec leur écorce, placés dans le sens où ils étaient plantés, plus de solidité qu'ils n'en avaient avec leurs racines. Par les grands vents, le toit balance comme la tête des arbres, mais revient à sa place avec la

Fig. 25. — Hangar à poulains.

même élasticité, et le pied est inébranlable. Rien ne gêne à terre la course des poulains, car les 15 centimètres de saillie I que j'ai donnés aux jambes de force pour leur assurer plus d'action sur le poteau tout entier se trouvent sous la petite mangeoire.

Travail des chevaux.

Le travail des chevaux est, comme celui des ouvriers, compté à l'heure de travail effectif, et fixé invariablement à 0 fr. 50 l'heure. On peut ainsi, très-exactement, débiter de leur travail effectif, soit la sucrerie, soit les différentes cultures. Dans les grandes journées d'été, je donne à mes chevaux 2 litres d'avoine de plus; dans dix heures de travail effectif, trois chevaux labourent environ 50 ares en moyenne.

Je n'ai ni ânes, ni mulets.

Bêtes à cornes.

La race de bêtes à cornes du pays que j'habite est la race picarde. Elle est maigre, étroite, osseuse, mais fine de peau et bonne laitière. Quelques cultivateurs riches font venir des vaches flamandes et élèvent cette race; mais elle dégénère promptement, privée de prairies, d'eau et du sol riche de la Flandre.

Il y a trente ans, j'ai commencé par importer des flamandes, des normandes, des suisses, et je voyais mes animaux promptement dégénérer, malgré mes soins. Enfin, je suis resté convaincu qu'il fallait en général, pour réussir d'une manière sérieuse et permanente, partir de la race de son pays pour l'améliorer par des soins et des croisements; et comme les produits de pareils essais prennent les formes du père et les qualités de la mère, j'en ai conclu que la race picarde, qui a de bonnes qualités laitières, qui est rustique et peu sujette aux épidémies, serait convenablement améliorée par le durham, qui n'est pas d'une taille disproportionnée avec la petitesse des picardes, et qui a des formes parfaites.

J'ai donc acheté les meilleures picardes que j'ai trouvées ; mais comme autour de moi je voyais les riches cultivateurs préconiser les flamandes, j'ai également acheté quelques génisses de cette race, et j'ai donné le durham aux deux espèces. Pendant sept à huit ans, la société d'agriculture d'Arras a suivi avec moi cet essai comparatif, et étudié les résultats menés de front. Les flamandes durham, d'un entretien difficile et fort coûteux, ont constamment été en diminuant de taille, les picardes durham en grandissant, et aujourd'hui, ma race picarde-durham est vraiment charmante, rustique, et donne convenablement du lait, tout en s'engraissant fort bien. Elle ressemble beaucoup à l'ayrshire-grandi. Le herd-book de ma vacherie est tenu régulièrement depuis son origine, c'est-à-dire depuis 1836, et on peut y constater la filiation de tous mes animaux.

Mes bœufs me donnaient un assez bon travail ; puis à cinq ou six ans, ils s'engraissaient fort bien. J'ai envoyé plusieurs fois, à Poissy, des bœufs qui avaient travaillé et qui y ont obtenu des prix ; mais le mode d'attelage obligé, le collier (parce que le joug et le conducteur au joug n'existent pas dans notre Nord), est fort coûteux ; de plus, mes conditions d'élevage me donnant énormément d'animaux, puisque j'ai plus d'une tête par hectare, je me suis déterminé à supprimer le travail des bœufs, qui d'ailleurs supportaient mal les voyages fréquents de ma sucrerie, et maintenant mes jeunes bœufs passent immédiatement à l'engraissement, dès qu'ils ont atteint leur développement.

J'ai toujours fait travailler mes taureaux. Je trouve cet usage aussi bon pour les animaux que pour les hommes qui les soignent ; les animaux soumis à un exercice régulier, au lieu d'être, tout pleins de vigueur, condamnés à une prison perpétuelle, se portent évidemment mieux et doivent transmettre à leur descendance plus de vitalité. Les hommes n'ont jamais à craindre d'eux les accidents terribles qui épouvantent souvent nos fermes.

Mes taureaux, habitués dès leur jeune âge au collier, à la bride, à la soumission envers leurs conducteurs, n'ont pas l'idée de se révolter ; ils n'ont pas surtout cette furie de gaîté que le taureau prisonnier éprouve lorsqu'on le lâche pour la saillie. Enfin, mes taureaux paient parfaitement leur nourriture. Pour les dresser, on commence par leur mettre le sélot sur le dos en leur donnant à manger ; puis on leur met tout doucement le collier, en les flattant, et toujours en leur donnant la nourriture qu'ils préfèrent, puis on leur met la bride avec les mêmes précautions. Bientôt on les attelle à un traîneau, et on leur fait faire quelques tours en les tenant par la main, et enfin on les attelle avec des animaux déjà dressés. Il est bien rare que je mette des anneaux à mes taureaux ; un seul en a eu un, parce qu'en mon absence on l'avait dressé trop tard.

J'ai eu un magnifique taureau *Baptiste* qui jamais n'a eu d'anneau, qui était mené par des enfants et qui était si aimé, que ç'a été un chagrin général quand on l'a engraissé. Mes taureaux travaillent le même nombre d'heures que mes chevaux, et souvent avec eux. Le prix de l'heure de travail est fixé à 0 fr. 50, comme pour les chevaux ; ils sont ferrés, toutes nos routes étant cailloutées.

Voici la ration des bœufs et des taureaux :

Pulpe	25k	»
Courte paille mélangée à la pulpe, d'avance...	»	500
Tourteaux	1	500

Plus, un peu de fourrage quand il est abondant. Aux taureaux de choix, on remplace 10 kilos de pulpe par 5 kilos de fourrage.

Élevage.

Voici comment j'élève mes bêtes à cornes :

J'ai déjà dit que j'élevais tous mes veaux sans en vendre un seul. Je laisse mes veaux téter librement leur mère : pendant un mois et demi, ils ont tout son lait ; pendant le mois et demi suivant, on la trait à moitié avant de laisser venir le veau, qui alors reçoit en supplément un breuvage composé de lait écrémé, allongé d'un peu d'eau et jeté bouillant sur du tourteau de lin concassé ou de la farine de lin, et du son ; à trois mois, le veau est sevré de sa mère ; on lui continue encore pendant trois mois son breuvage. Dès le second mois, on place dans son petit râtelier du foin de bonne qualité, auquel il s'habitue peu à peu. Les jeunes veaux sont laissés en liberté dans une petite étable jusqu'à trois mois, et il faut les voir, aux heures de leurs repas, s'élancer dès qu'on leur ouvre la porte, et courir à leur mère. Après le sevrage, ils passent dans une petite étable voisine où ils sont attachés ; mais ils restent encore tout près de la cuisine du vacher et sous ses yeux. A six mois, le veau n'est plus nourri qu'au fourrage et aux racines ; à un an, la génisse passe dans la vacherie pour recevoir le taureau à dix-huit mois, et le bœuf passe dans la bouverie d'élèves, où il commence à recevoir de la pulpe, en quantité modérée d'abord, jusqu'au moment où il passe à l'engraissement ou au travail.

Vaches.

Toutes les traites de ma vacherie sont exactement enregistrées au bureau. Voici ce qu'elles ont produit à six ans d'intervalle :

Rendement en lait.

	ANNÉES 1860	1866
	Litres de lait.	
Janvier	1,088	1,172
Février	737	1,274
Mars	585	1,421
Avril	425	1,495
Mai	1,009	1,908
Juin	1,189	1,805
Juillet	1,495	1,806
Août	1,315	1,641
Septembre	1,025	962
Octobre	867	772
Novembre	956	531
Décembre	1,117	705
Total par année	11,808	15,492

Pour une moyenne de douze vaches : soit en 1860, 984 litres par vache et par an, et 2,69 par vache et par jour ; et en 1866, 1,292 litres par vache et par an, et 3,54 par vache et par jour. Mais ces données n'indiquent pas le rendement réel de mes vaches, car ce lait est bien loin d'être celui produit par la vacherie, puisque je laisse téter les mères par leurs veaux.

La brusque augmentation, qui paraît anormale en décembre 1860, peut donner une idée de la quantité de lait consommée par les veaux.

Jusqu'en décembre 1860, les veaux avaient tout le lait de leur mère pendant *deux* mois, et la moitié de leur lait pendant *deux* autres mois ; c'est à la fin de novembre que j'ai réduit cette nourriture du veau à *un mois et demi* pour la totalité du lait, et ensuite encore à *un mois et demi* pour la moitié. On voit la grande augmentation que cette mesure a produite à une époque où, au contraire, le lait diminue toujours.

Néanmoins, cette augmentation n'étant que de 161 litres sur le mois précédent auquel on pourrait comparer décembre, ne porterait le rendement total des douze mois de 1860 qu'à 13,740 litres, tandis qu'en 1866, j'ai eu 15,492 litres. On voit donc que la supériorité du rendement de 1866 sur 1860 tient encore à une autre cause. Cette cause est le soin extrême avec lequel je n'ai conservé que les meilleures laitières (c'est-à-dire celles qui donnent le plus longtemps) et leurs élèves.

Il faut encore remarquer qu'élevant tous mes animaux, j'ai toujours dans ma vacherie beaucoup de génisses à lait qui ne donnent pas comme des vaches faites. Je ne puis donc indiquer le rendement en lait de mes vaches que par les nombreuses expérimentations que j'ai faites sur la plupart d'entre elles. Pour les rendre plus faciles, j'ai jaugé mes seaux, en y versant successivement un litre, puis deux litres, puis trois, puis ainsi de suite, en les plaçant sur un plan bien horizontal, puis faisant un trait à chaque hauteur donnée successivement par le liquide pour chaque litre ajouté. J'ai creusé un numéro à chaque trait, et alors le vacher n'a plus qu'à poser le seau par terre et voir à quel numéro monte le lait, pour connaître exactement la quantité que vient de lui donner une vache.

J'ai trouvé ainsi que le rendement moyen de mes vaches était le suivant :

Premier mois après vêlage.

Été	17 litres.
Hiver	14 —

Deuxième mois après vêlage.

Été	14 litres.
Hiver	10 —

Troisième mois après vêlage.

Été	12 litres.
Hiver	8 —

Quatrième mois après vêlage.

Été	10 litres.
Hiver	6 —

Ensuite elles diminuent progressivement et lentement, suivant qu'elles sont pleines plus tôt ou plus tard. Je ne pense pas que, sur notre plateau sec et calcaire, il soit possible d'obtenir un rendement plus considérable.

La traite se fait à l'étable par les vachers et la servante, à six heures du matin et à six heures du soir.

Si les mères n'allaitaient pas leurs veaux, on les trairait pendant le premier mois une troisième fois à midi. Aussi les veaux, pendant le premier mois, sont donnés trois fois par jour à leur mère. Cet usage de laisser téter les veaux est une innovation complète chez moi, car personne ne le fait dans nos environs. On fait boire le veau *au doigt*.

Le but est de lui donner le moins de lait possible, l'élevage étant complètement négligé, car on ne garde jamais un veau mâle. On le vend le plus tôt possible, très-souvent à quinze jours. On obtient ainsi, en lait, un produit sinon plus considérable, du moins plus immédiat. Cet usage, qui est une des causes de la rareté du bétail dans le nord de la France, et qui livre à la consommation une viande détestable, m'a toujours révolté ; en prenant, au contraire, pour but l'élevage, après avoir amélioré par des soins de vingt ans la race du pays, j'ai maintenant la certitude que je fais une spéculation qui, pour exiger beaucoup d'avances, n'en est pas moins productive et me donne, en fin de compte, les bénéfices de l'engraissement, tout en conservant la sécurité dans mes étables.

Nourriture et dépense quotidienne.

En été, les vaches reçoivent 40 kilos de verdure qui, évalués à 2 fr. les 100 kilos, représentent une dépense de 0,80.

En hiver elles reçoivent :

Fourrage : demi-botte, soit 2 kilos 500, à 0,40 la botte, ou 0,08 le kilo	0,20
Pulpe : 15 kilos à 12 fr. les 1,000 kilos (1), soit 0,012 le kilo.	0,18
Paille d'avoine : 5 kilos à 0,20 la botte, soit 0,04 le kilo	0,20
Son : demi-kilo, en soupe, à 0,15 le kilo	0,075
	0,655

(1) Y compris les frais d'ensilotement et de manutention.

Il semble qu'il y a une anomalie entre la dépense d'hiver et celle d'été, la première coûtant en général plus cher que la seconde. Le bon marché de la nourriture d'hiver vient de l'extrême bon marché de la pulpe. Pour fixer les cultivateurs de betterave à ma sucrerie, j'ai établi à 10 fr. les 1,000 kilos le prix de la pulpe *à laquelle ils ont droit* (un cinquième du poids de leurs betteraves). Mais, comme nourriture, la pulpe vaut 20 fr. et plus, et aussi je n'en cède pas un kilo au-delà du cinquième obligatoire. Je compte à ma culture la pulpe au même prix qu'aux cultivateurs; cela est juste pour le cinquième des betteraves que la culture a livrées ; cela n'est peut-être pas juste pour l'excédant qui me reste en général. Du reste, la ration d'hiver ci-dessus n'est guère donnée qu'en février, mars et avril. Jusqu'à fin de janvier, mes vaches ont toujours des choux de vache ou des carottes, et moins de pulpe, et alors le prix de la ration varie de 70 à 75 centimes.

Beurre. Il nous faut en moyenne, pour avoir une livre de beurre :

En été......................	14 litres de lait.
En hiver....................	18 —

Ce qui nous donne une moyenne de 16 litres.

C'est, en effet, ce que nous donnent les quantités enregistrées.

Il est entré à la laiterie :

	ANNÉES 1860	1866
	Litres.	
	11,808	15,482
Il en a été consommé ou vendu.......	816	2,610
Il en est resté pour le beurre.........	10,992	12,882

qui ont produit, en 1860, 672 livres de beurre, soit une livre pour 16 livres 4, et, en 1866, 780 livres, soit une livre pour 16 litres 5.

Dans le pays, la livre de beurre marchande n'est pas le demi-kilo.

Chez moi, c'est toujours le demi-kilo qui est pris pour division.

Le prix moyen du beurre est de 1 fr. 25 le demi-kilo. Le lait de beurre ne se vend nulle part ; on le donne aux veaux et aux porcs.

La baratte Girard ne nous a pas réussi : le beurre se fait très-promptement; mais on n'en a pas beaucoup plus de la moitié de ce que donnent les autres barattes. Il n'est donc pas étonnant que le lait soit encore bon après l'opération.

Je préfère la petite baratte Chevalier. Elle est en zinc, et plonge dans un petit bac où on met en été de l'eau fraîche, en hiver de l'eau tiède ; la baratte est fixe : ce sont les volants intérieurs qui tournent. Sur la partie supérieure se trouve une grande ouverture de toute la longueur, et à coulisse, par laquelle on introduit la crème, on retire le beurre et on nettoie.

Les volants se retirent facilement de leur axe et s'enlèvent de la baratte, de sorte que rien n'est plus facile que d'entretenir la plus parfaite propreté dans toutes les parties de cet instrument, et cette condition est indispensable pour le bon beurre.

On cherche à donner à la crème la température de dix à douze degrés. Il faut, en été, une demi-heure, en hiver trois-quarts d'heure, pour que le beurre prenne. Alors on le retire de la baratte, et on le place sur un lavoir en marbre qui forme plan incliné avec un écoulement ; puis, sous un courant d'eau, on le pétrit avec la main en hiver ; avec une palette de bois, pour éviter la chaleur de la main, en été, afin de le raffermir et de le purger de son petit lait : puis on le met à la cave.

J'ai aussi depuis quelque temps la baratte, dite atmosphérique, de Clifton ; j'en suis jusqu'ici très-content, et j'ai fait assez facilement du beurre avec du lait qui reste encore fort bon après l'opération.

La laiterie se compose de deux pièces : une salle au rez-de-chaussée et une cave. Le lait est déposé, pour qu'il monte, dans des *tèles* ou vases plats en terre. L'hiver, elles sont rangées dans la salle supérieure, que l'on chauffe même un peu avec un poêle. En été, les tèles sont descendues à la cave, où elles sont rangées sur des bancs en marbre commun, creusés en rigoles qui permettent à l'air de passer sous les tèles et de donner à toute la masse du lait la même température pour que la crème monte également.

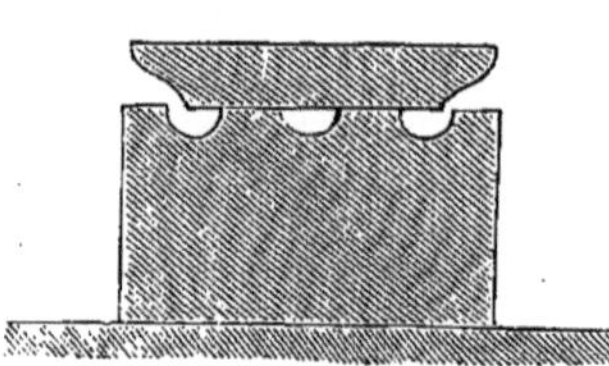

Fig. 26. — Tèle à lait.

Les bancs sont inclinés vers un égouttoir, de sorte que lorsqu'on lave, les rigoles se nettoient facilement.

En été, on prend la crème toutes les vingt-quatre heures; en hiver, on ne la prend qu'au bout de trente-cinq à quarante heures.

Engraissement.

Lorsque je fais passer à l'engraissement mes bœufs ou

mes vaches, on les met dans des étables spéciales peu éclairées, éloignées du bruit, et dont le vacher a constamment la clef dans sa poche.

Il y en a deux, pour que les animaux puissent être séparés ou accouplés, suivant leur avancement, et par conséquent suivant la nourriture qu'on leur donne.

Comme ils ont été bien nourris dans leur jeune âge, et habitués à la pulpe, leur peau est développée et souple. On commence par leur donner une nourriture abondante et plutôt aqueuse, pour leur développer les intestins et détacher la peau : des racines cuites, de la pulpe ou de bon fourrage vert.

On choisit pour eux la pulpe la plus vieille, ayant au moins un an. Bientôt on passe au fourrage sec et au tourteau d'œillettes ; puis enfin on finit par le tourteau de lin, par les fèves concassées et par la mouture d'orge, en ayant soin ainsi de varier et de graduer la nourriture, et donnant peu à la fois et souvent. On donne deux ou trois coups d'étrille par jour, et de temps en temps on fait sortir les animaux, pour leur laisser prendre l'air et leur donner appétit. Une des nourritures qui convient le mieux à mes animaux est préparée de la manière suivante : ma chaudière, qui sert à cuire les racines et les breuvages, est disposée de la manière ci-contre : C est la chaudière en fer battu comme un générateur ; F est le foyer dans lequel on place des tourbes qui donnent des cendres excellentes, et la flamme circule autour de la chaudière avant de s'échapper par la cheminée ; H est une forte tôle percée de trous, soutenue par un trépied en fer I au-dessus d'un espace G dans lequel on met de l'eau ; sur la tôle H, et jusqu'en haut de la chaudière, on place alternativement des couches de racines coupées (navets, carottes, betteraves, etc.), et des couches de courte paille saupoudrées de farine de tourteaux ou de lin. Enfin, on ferme par un couvercle en bois B, qui n'est que juxta-posé, afin de ne pas produire d'explosion, puis on met le feu. L'eau placée en G bout et produit de la vapeur qui se répand à travers les différentes couches, les cuit et fond la farine, qui assaisonne le mélange. Puis on retire le tout, qui est onctueux et dégage une odeur parfaite, et on le place dans des baquets où on le laisse fermenter vingt-quatre heures.

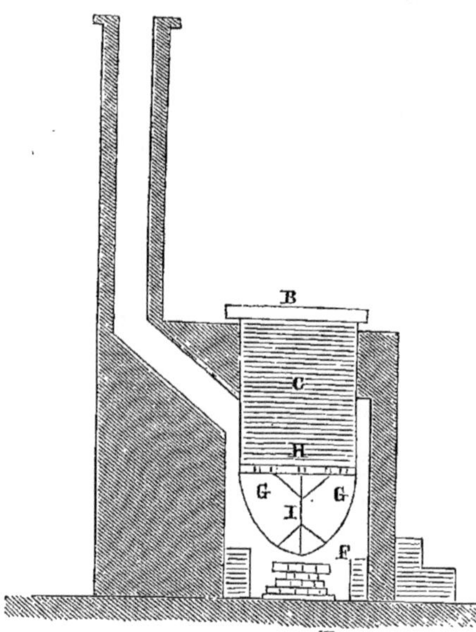

Fig. 27. — Chaudière à cuire les racines, etc.

Les animaux dévorent cette nourriture.

Je me loue beaucoup de la simplicité de mon appareil et du bon service qu'il me fait : depuis vingt-six ans que je l'ai organisé, je n'ai eu à renouveler ma chaudière qu'une fois.

On y cuit de la même manière, pour les porcs, les pommes de terre, qui en sortent très-appétissantes.

J'ai déjà dit que la ration d'entretien de mes bœufs était composée ainsi :

Pulpe, 25 kilos;
Courte paille mélangée à la pulpe, 500 grammes;
Tourteau, moitié œillette et moitié lin, 1 kil. 500.

Lorsqu'ils passent à l'engrais, on commence par leur donner :

Pulpe, 30 kilos, ou pulpe, 20 kilos; racines cuites, 10 kilos, = 30 kilos.
Fourrage 2 kil. 500.

Ensuite on leur donne :

25 kilos, puis 20 kilos de pulpe;
2 kilos, puis 3 kilos de tourteaux, un tiers œillette et deux tiers lin;
2 kilos, puis 2 kil. 500 de bon foin.

Puis, enfin, on remplace une partie de la pulpe par des fèves concassées ou de la mouture d'orge et seulement du tourteau de lin.

Les vaches passent plus ou moins tard à l'engraissement, suivant qu'elles sont plus ou moins laitières. Elles reçoivent les mêmes rations que les bœufs, mais diminuées de 8 à 9 kilos de pulpe.

Les poids moyens de mes animaux sont les suivants :

	Maigres.	Gras.
Vaches.......	400 à 500 kilos.	550 à 650 kilos.
Bœufs.......	600 à 700 —	750 à 850 —

On ne trouve pas dans le pays de bœufs maigres à acheter.

Je vends en moyenne, chez moi, à ma bascule :

Vaches (grasses)......	440 à 520 fr.,	à 80 c. le kilo.
Bœufs (gras)........ .	635 à 720 id.,	à 85 —

Je ne vends pas d'animaux maigres, sauf des taureaux pour la reproduction.

Race ovine.
—
Troupeau d'élèves n° 1.

Le mouton picard du pays a de précieuses qualités. Il est sobre, rustique, peu sujet aux maladies, supporte bien le parc par les plus mauvais temps, prend bien l'engraissement au parc ou à l'étable, et donne une viande de fort bonne qualité. Mais il est mal fait, haut sur pattes, efflanqué, étroit, et sa laine est grossière. Il y a vingt-six ans, j'ai remarqué des croisements picards-mérinos, dans le Vermandois, qui, tout en conservant les qualités rustiques du picard, avaient de meilleures formes, et surtout une laine tassée et fournie.

Ces moutons, dits métis ou vermandois, étaient assez rares et se trouvaient du côté de Guise et de Chaulnes, dont le sol et le climat sont tout à fait le nôtre.

Je me suis procuré, quoiqu'avec peine, des femelles de cette race, et j'en ai fait le point de départ de mon troupeau. Je leur ai d'abord donné un dishley pour rectifier les formes et donner de l'aptitude à la graisse. Je leur ai donné ensuite des béliers dishley mérinos que j'ai achetés à Alfort et à Montcavrel, et dont je choisissais la laine plus ou moins fine, suivant que je trouvais utile d'affiner la laine ou de rectifier les formes, car dès que je me rapprochais trop du mérinos, je voyais le rein se creuser. Enfin, comme ce défaut avait atteint mon troupeau d'une manière trop sensible, je me suis laissé aller à l'impatience, et j'ai acheté, pour le prix de 1,000 fr., à l'Exposition universelle de 1855, le magnifique bélier Colswood, qui avait eu le premier prix, et je l'ai donné à mon troupeau. Il a parfaitement redressé le rein ; sa laine, qui était remarquablement lustrée et élastique, n'a pas sensiblement gâté la mienne, et son fils, provenant d'une brebis très-fine, a été fort remarqué au concours de Saint-Quentin, en 1859, où il a été primé pour la beauté de ses formes et surtout pour son admirable laine. C'est lui que j'ai donné à mon troupeau pendant trois années de suite, afin d'y mettre de l'homogénéité. J'ai continué ensuite avec mes béliers, élèves pendant cinq ans ; puis dernièrement, pour renouveler un peu le sang, j'ai donné un dishley mérinos à quelques brebis choisies, d'où j'ai tiré depuis un an mes béliers.

En partant ainsi d'une race du pays et procédant graduellement, je me suis créé, comme pour mes bêtes à cornes, une race parfaitement rustique et identifiée avec mes pâturages ; ma laine est connue et fort estimée, et je l'ai vendue, en 1866, 3 fr. le kilo en suint, à MM. Cocheteux et fils, filateurs à Templeuve (Nord), qui, après avoir rencontré mes laines dans le commerce, sont venus d'avance me les retenir.

Le bélier a été donné aux brebis en août pendant bien des années, suivant l'usage presque général dans le pays ; mais, malgré sa bonne nature, mon troupeau était la plupart du temps en pertes, ou en bien faibles bénéfices. Le prix élevé de l'élevage pendant l'hiver en était évidemment la cause, et elle ressortait de ma comptabilité.

Tel est, sans doute, le motif qui a fait renoncer la plupart des cultivateurs du nord de la France à l'élevage du mouton sur leurs terres d'un capital et d'un loyer si élevés. N'y a-t-il pas, d'ailleurs, un fait anormal à faire naître les agneaux à une autre époque que celle assignée par la nature à toutes les autres naissances? Par ces deux motifs, j'ai été conduit à essayer de faire venir mes agneaux au moment de la pousse des herbes et des fourrages.

J'ai donné le bélier au commencement de janvier à mes brebis. Déjà j'y trouve des avantages pour la monte.

Les brebis sont dans les bergeries, et la température est basse, tandis qu'en août les brebis sont presque toujours au parc, et la chaleur nuit beaucoup aux animaux, déjà échauffés par la lutte.

Il est facile de préparer les brebis en leur donnant du grain. Enfin, le bélier peut facilement être retiré des brebis toutes les nuits, afin qu'il se repose.

Mais les avantages, quant aux naissances, sont bien plus grands encore.

Je profite des bonnes prairies que je me suis formées à l'aide des irrigations avec les eaux de la sucrerie, et j'y place le parc aux premiers beaux jours de mai, après avoir fait la tonte trois semaines auparavant.

Il y a à cette dernière mesure un bon résultat : c'est que la tonte étant faite avant la naissance des agneaux, ils n'ont pas à traverser cette petite crise pendant laquelle ils ne reconnaissent pas leur mère. D'un autre côté, la laine des brebis n'est plus gâtée par les agneaux, et est bien plus belle.

A partir de ce moment, jusqu'à la moisson, les brebis ne quittent plus la prairie. Les agneaux y naissent, s'y développent, prennent de l'exercice sur un bon sol, broutent l'herbe, et se sèvrent naturellement et peu à peu; ils ne souffrent pas, même dans leurs premiers jours, des pluies qui peuvent survenir. Il n'y a que par des temps exceptionnels qu'on les rentre dans les étables, tenues toujours prêtes, et qui sont extrêmement aérées. L'herbe que le troupeau broute sur place ne coûte aucune main-d'œuvre; à la vérité, elle ne suffit pas : on apporte aux mères et aux agneaux des fourrages verts; mais ces fourrages ne coûtent pas de frais de fanage, de bottelage, de mise en greniers ou en meule. Et enfin, toutes ces nourritures vertes donnent évidemment aux mères un lait plus abondant et de meilleure qualité que les nourritures sèches qu'il faudrait leur distribuer en janvier, mars et avril.

Il n'est donc pas étonnant qu'aussitôt après cette importante modification, ma comptabilité ait présenté de tout autres résultats. Dès lors, mon troupeau d'élevage s'est constamment trouvé en bénéfices, ainsi que le prouvent jusqu'à la dernière évidence mes inventaires.

Troupeau d'élèves n° 2.

Jusque-là, pour profiter de mes pulpes et me créer des engrais, j'avais un second troupeau d'engraissement que je renouvelais deux ou trois fois par an. Il n'était pas aussi constamment en pertes que le troupeau d'élevage ; mais cependant, les résultats étaient bien variables, surtout depuis que le marché de Poissy est si souvent encombré de moutons allemands.

Les résultats obtenus par le troupeau d'élevage n° 1, depuis la réforme indiquée ci-dessus, m'ont décidé à remplacer le troupeau d'engraissement par un second troupeau d'élevage.

Après avoir bien étudié les différentes races qui pouvaient me convenir, je me suis décidé encore pour les dishley mérinos, mais j'ai procédé autrement que pour le premier troupeau. Après avoir longtemps cherché, j'ai trouvé cent vingt brebis mérinos du plus beau modèle. Je n'ai pas voulu leur donner tout d'abord le dishley pur, parce que j'ai souvent remarqué qu'en alliant des animaux très-opposés, on n'obtient aucune homogénéité, ni dans les formes, ni surtout dans la laine. J'ai d'abord donné aux brebis mérinos mes béliers dishley mérinos du troupeau n° 1, en choisissant les plus forts et les plus longues laines ; puis ayant, comme je l'ai dit plus haut, donné un dishley à plusieurs de mes belles brebis, pour renouveler le sang par leurs jeunes mâles, j'ai choisi parmi eux ceux qui ont le plus de sang anglais pour le nouveau troupeau. J'ai marché ainsi plus lentement et plus sûrement. Mes derniers agneaux approchent beaucoup de ce que je veux faire, et sont très-homogènes. Déjà ce troupeau n° 2 me donne des bénéfices.

Pendant quelque temps, j'ai mis au bélier la plupart de mes antenaises ; mais je m'en suis mal trouvé. Elles ont bien moins de lait que les brebis de quatre et de six dents, et elles sont très-fatiguées par cet agnelage prématuré. Je ne mets donc maintenant au bélier que les brebis de quatre dents et plus.

Castration. A trois semaines, le berger coupe la queue aux agneaux, afin qu'ils soient plus propres ; à quatre mois environ, vers le milieu de septembre, lorsque les grandes chaleurs sont passées, il châtre les mâles destinés à l'engraissement, par la section des bourses et l'extraction des testicules. Il est bien rare qu'il en résulte des accidents.

Les plus beaux mâles sont réservés pour la vente comme reproducteurs, après que j'ai fait mon choix.

Je les vends, à quinze mois, de 100 à 150 fr.

Tonte.

Comme je l'ai dit, je fais la tonte avant la sortie des bergeries, vers le 20 avril. Aussitôt qu'un animal vient d'être tondu, je le fais laver sur tout le corps, sauf les yeux et les parties génitales, avec une éponge bien imbibée d'un mélange composé de six parties d'eau de tabac, pour une d'essence de térébenthine, bien battu avec un peu de savon noir. Cette méthode, que j'ai rapportée d'Angleterre, a pour but d'éloigner l'icare qui, pondant à l'époque de la tonte, dépose son œuf dans la peau du mouton lorsqu'il vient d'être tondu, et chacun sait que l'œuf de l'icare produit la gale. Aussi jamais mes animaux n'en ont la plus légère atteinte. Le mouton se tord un peu sous l'action de l'essence, surtout s'il a reçu du tondeur quelque coup de ciseau, mais cela dure au plus un quart-d'heure.

Le poids moyen de mes cotes de laine, y compris les brebis et les agneaux, est de 3 kilos 500 à 4 kilos en suint. Je vends toujours mes laines 40 à 50 centimes le kilo plus cher que les laines du pays.

Parcage.

Aussitôt après la moisson, tous mes moutons, y compris les agneaux, vont au parc jusqu'en décembre.

Mais lorqu'il y a un violent orage, je les fais rentrer pour une ou deux nuits, mes bergeries étant toujours tenues prêtes à cet effet, car les changements trop brusques de température nuisent, non-seulement aux jeunes agneaux, mais à la laine de tout le troupeau.

Le parcage est compté au crédit des troupeaux et au débit des récoltes, à raison de 150 fr. l'hectare.

Rations à l'étable.

A la rentrée du parcage, je sépare les agneaux mâles des femelles.

Les premiers étant destinés à l'engraissement reçoivent deux repas de pulpe et un de fourrage. La ration est composée ainsi :

Pulpe mélangée de paille hachée et de courte paille.	1k 500
Fourrage....	» 500
Paille d'avoine....	» 500
Et pendant trois mois un décilitre d'avoine.	

A deux ans, lorsqu'ils prennent quatre dents, ils passent à l'engraissement. Alors la ration devient :

Pulpe mélangée de courte paille....	2k »
Fourrage....	» 500
Paille d'avoine....	» 500
Tourteau d'œillette....	» 200

Puis, au fur et à mesure de l'engraissement, on augmente le tourteau, pour arriver à 350 grammes.

Mes quatre dents gras pèsent, en moyenne, de 60 à 65 kilcs vivants, et sont vendus, au poids de la bascule, de 82 à 88 centimes *pris chez moi.*

Quant aux agnèles qni sont destinées à la reproduction, elles ont, au contraire, deux repas de fourrage et un de pulpe.

Leur ration est formée ainsi :

Pulpe mélangée de courte paille....	»k 750
Fourrage....	» 800

Paille....................................	» 500

Avoine pendant trois mois, deux décilitres.

La ration des brebis est :

Pulpe....................................	1k »
Fourrage.................................	» 500
Paille d'avoine..........................	» 500

Et avant et pendant la monte, du fourrage en grains (hivernage ou watteries).

Maladies.

Mes étables, comme mes écuries et mes bergeries, étant fort aérées, et mes animaux soumis à un bon régime, il est bien rare que j'aie des maladies, et jamais je n'ai eu d'épidémies. Il y a quelques années cependant, alors que je n'avais pas encore de sucrerie , tout mon troupeau d'élèves était tombé dans un état lymphatique qui m'a donné bien des inquiétudes, et j'ai perdu plusieurs animaux de la pourriture. Un habile vétérinaire que j'ai fait venir me conseillait déjà de vendre tout ce troupeau que j'avais pris tant de peine à former. Il attribuait leur état aux racines que je leur donnais. Et à ce propos, il est bien curieux de constater que, depuis que j'ai remplacé les racines par la pulpe vieille, qui cependant est donnée toute l'année, tandis que les racines ne l'étaient que l'hiver, cet état lymphatique a complètement disparu.

On peut aisément comprendre mon chagrin.

J'ai donné à mon troupeau du grain, de la poudre de gentiane et du son, et j'ai placé leur boisson dans des chaudrons en fonte. Par ces soins, je suis parvenu à les guérir et à leur rendre *le sang* qui leur manquait.

Mais nous avons souvent sur nos agneaux ou nos antenais, mais jamais chez nos quatre dents, une autre maladie terrible. et contre laquelle je ne connais pas de remède : *le tournis ;* elle attaque surtout les antenais et les antenaises. Chacun la connaît : l'animal tourne sur lui-même la tête baissée, dépérit et finit par mourir. Il n'y a pas de guérison : il faut se hâter de le tuer pour en tirer parti, et toujours, si on lui ouvre le crâne, on trouve dans la cervelle plusieurs affreuses larves qui ont évidemment vie, car elles remuent. La plupart des vétérinaires ne trouvent d'autre explication de la présence de cette larve dans une partie aussi bien enfermée que la suivante : des œufs très-ténus et légers d'insectes seraient déposés par eux sur les herbes, et les animaux, en broutant, les aspireraient par les naseaux. Les cartilages faibles et incomplets des jeunes agneaux permettraient à la larve de se développer en même temps qu'eux-mêmes, tandis que la fermeté des cartilages des animaux faits empêcherait la croissance de la larve. Quoi qu'il en soit, cette maladie est terrible, et en 1860, elle m'a enlevé sur le troupeau d'élevage n° 1, qui était seul alors, 11 antenais ou antenaises de la plus belle espérance. En 1866, j'en ai perdu 29 sur mes deux troupeaux d'élevage.

Lorsque mes animaux sont à l'engrais, ils sont comme partout, surtout lorsque l'engraissement est poussé un peu loin, sujets à des maladies de sang. Ainsi, en 1861, un superbe bœuf que je préparais pour Poissy a eu une inflammation de poitrine qui a failli me l'enlever, et sur 20 antenais que je préparais également pour Poissy, j'en ai perdu 2. Pour les moutons à l'engrais, le meilleur préservatif est la tonte, et si je veux pousser l'engraissement fort loin pour un concours, je fais tondre les animaux toutes les trois semaines. Seulement, il faut leur mettre à chacun deux tondeurs et prendre des précautions pour ne pas les étouffer.

Quant aux maladies sur mes bêtes à cornes, elles se bornent à quelques cas très-rares de météorisation ou de vélage malheureux. Mais ce sont des accidents et non des maladies. En moyenne, je n'ai jamais perdu plus d'une tête en deux ans. J'ai eu seulement, en 1864, le fléau de l'avortement. J'ai consulté tous les vétérinaires du pays, analysé toutes les nourritures, employé tous les remèdes. Rien n'y a fait. Ces accidents semblaient un tic que les vaches imitaient. Enfin, j'ai pris le parti d'isoler celles qui menaçaient et de disséminer mes vaches pleines dans toutes mes écuries. C'est seulement par cette mesure que j'ai arrêté le fléau qui avait duré huit à dix mois, et après des pertes considérables. Aujourd'hui il n'en reste plus aucune trace chez mes vaches, et le fait ne s'est plus renouvelé.

Race porcine

J'ai eu pendant vingt ans la race hamshire exclusivement, et j'en ai été fort satisfait. A la fin, mes truies me donnaient trop peu d'élèves, et je les ai croisées avec la race leicestershire. Cette dernière race a apparemment une origine plus ancienne, car elle a dominé, et je suis maintenant fort content de mes produits, qui sont des leicester un peu grandis.

J'ai eu aussi quelques essex qui étaient très-prolifiques; mais ces animaux sont bien moins beaux et moins propres à l'engraissement que les leicester.

On est obligé de laisser les truies à une bien faible pitance, pour qu'elles restent assez maigres pour concevoir.

Leur ration se compose de 2 kilos de pommes de terre et de son, délayés dans des eaux grasses et du lait écrémé. Je n'engraisse que pour la consommation de ma maison ; je vends toujours mes jeunes porcs mâles et femelles coupés, à six semaines ou deux mois, 20 fr. L'opération pour les femelles est horrible ; mais nous avons un coupeur d'une très-grande habileté, et dont la réputation et la clientèle s'étendent à vingt lieues à la ronde. Lorsque je vends de jeunes animaux non coupés pour l'élevage, je les choisis avec soin, le mâle n'étant jamais de la même portée que la femelle ; mais alors je les vends 25 fr.

Dès que les porcs que je conserve sont remis de la castration, on leur donne une ration d'engraissement composée d'épluchures de cuisine, de son, de pommes de terre, de lait écrémé et d'eaux grasses, la quantité variant suivant l'âge ; à un an environ on les tue, et ils pèsent généralement 120 à 150 kilos.

Mais, je le répète, je n'engraisse pas de porcs pour en vendre, car je n'y aurais pas de bénéfices; la raison en est bien simple : chez nous, chaque petit ménage d'ouvriers a son porc, car celui-là ne consomme pas des récoltes comme la vache, et on n'a pas besoin de penser à l'élevage, car sans cesse des marchands de jeunes porcs parcourent les communes. Il consomme le reste de la nourriture du ménage dont on ne tirerait aucun parti, les épluchures de la salade et des pommes de terre qui sont la base de la nourriture de l'ouvrier. C'est un commensal de facile composition, car il ne demande que *les restes* : aussi, c'est un enfant de la maison, et il faut voir la tendresse de la femme devant ses bruyants ébats. Lorsqu'on le tue, c'est fête et ripaille ; les amis sont convoqués, et toute affaire cesse lorsqu'une famille *a tué son cochon* (parlant par respect). C'est que le porc est une grande ressource, qui ne coûte presque rien pour un petit ménage ; et dès lors, l'engraissement en grand et avec des nourritures spéciales ne saurait être lucratif, à moins toutefois qu'on n'emploie la viande de cheval, spéculation que j'ai toujours eue en horreur, parce qu'elle me semble renverser la grande loi de la nature, qui veut que les carnivores ne se mangent pas entre eux.

J'ai perdu quelques truies de maladies de rate. En général, les maladies des porcs sont très-violentes et mortelles : nos vétérinaires savent mal les soigner et ne connaissent d'autre remède que de les saigner à la queue. Ces pertes me sont arrivées la même année, sans que jamais j'aie pu en découvrir la cause. Je n'ai pu soupçonner que la violence de caractère du porcher suisse que j'avais alors, car depuis elles ne se sont plus renouvelées.

VOLAILLES.

Poules.

J'ai plusieurs espèces de poules. J'aime extrêmement cette partie d'une exploitation si souvent négligée dans le Nord ; mais ne pouvant en faire une spécialité, je me suis borné aux espèces les plus profitables et les plus rustiques.

J'ai la poule d'*Houdan*, celle de *La Flèche*, la *Dorking*, la poule la *Caussade*, la *jolie poule d'Hergnies*, puis des croisements de ces différentes espèces. La belle espèce de crève-cœur ne réussit pas, parce qu'avec nos boues, la huppe se charge de terre et fait perdre les yeux à cette espèce. Ordinairement, comme dans toutes les fermes, les volailles sont dans la basse-cour, sur le fumier, sur les pavés, sous les hangars, et sous de petits abris spéciaux recouvrant du sable, que je leur ai établis et où elles font poudrette par tous les temps. Elles y ont des bacs toujours pleins d'eau, car la volaille boit énormément, et des bacs couverts pour leur nourriture.

Poulailler roulant.

Aussitôt après la moisson, je ferme le poulailler, et j'en approche un poulailler roulant ou voiture-poulailler. Les poules y couchent, et le lendemain, on les transporte aux champs sous la garde d'une femme, et on les ramène le soir. Le nombre des œufs s'élève rapidement, et ordinairement double bientôt.

Les poules trouvent du grain, de la verdure, des insectes, et se portent à merveille. Je les transporte aussi quelquefois sur les champs qu'on laboure : elles y mangent les larves et les vers dans le sillon ouvert. Le soir, elles rentrent dans leur voiture comme au poulailler. Elles y pondent et ne s'en éloignent jamais.

Parc à poulets.

Pour la ponte et l'élevage, j'ai construit, en dehors de ma basse-cour, un petit établissement dont voici le plan :

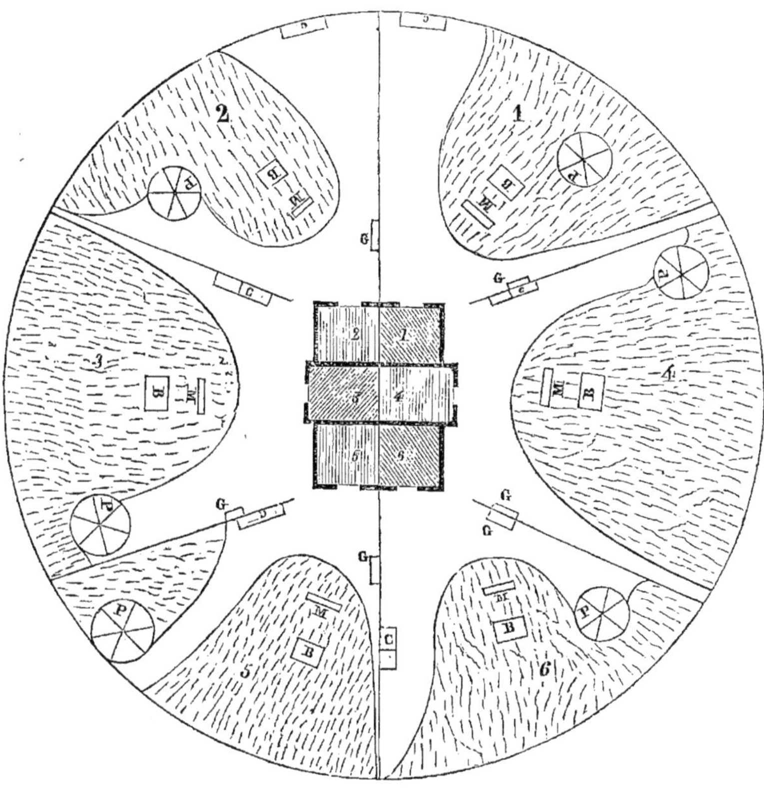

Fig. 28.

LÉGENDE.

1, 2, 3, 4, 5. 6, Poulaillers.
1, 2, 3, 4, 5, 6, Petits parcs correspondant aux poulaillers.
C Cages du premier âge.
B Bacs à eau.
G Boîtes pour le grain.
M Petits bacs en pierre pour les nourritures cuites.
P Pavillon-abri.

J'ai six petits poulaillers adossés les uns aux autres, et formant le centre d'autant de petits parcs correspondant, et communiquant entre eux par des portes situées aux points de rencontre de chaque séparation avec le bâtiment. Plus l'espace dont on dispose permettrait de donner d'étendue à ces parcs, mieux cela vaudrait. On comprend tout d'abord combien cette disposition est économique et commode pour le service.

L'établissement entier est entouré d'un palis ayant 2m 50 de haut, les lattes espacées de 3 centimètres, mais doublées dans le pied, sur une hauteur de 40 centimètres, d'autres lattes qui ne permettent pas aux plus petits poulets de passer.

Les palis entre les petits parcs sont construits de même. Le bâtiment est entouré d'un terre-plein et d'allées qui ont été creusées à 25 centimètres et remplies d'escarbilles (résidu de charbon brûlé), recouvertes de sable. Les escarbilles servent à l'écoulement de l'eau, assèchent ces parties, et permettent aux volailles d'éviter la boue, qui leur donne la goutte.

Le reste des petits parcs est en gazon abrité par quelques arbustes. Chaque parc a son mobilier composé ainsi :

1° Une cage d'élevage C, établie ainsi : elle a deux compartiments séparés par des barreaux S. La poule est mise avec ses petits dans le compartiment de gauche ; mais ils peuvent passer dans celui de droite par la claire-voie. Au-dessus de ce dernier compartiment se trouve une large vitre V, qui chauffe les petits poulets lorsqu'ils ne sont pas sous la mère. Chaque compartiment a ses portes P, qui, elles-mêmes, ont une petite fenêtre grillagée F dans laquelle on glisse, pour la nuit et le temps froid, une petite vitre. Le toit de la boîte est en zinc. Pendant les premiers jours, on laisse la boîte fermée. Les petits sont bien chaudement et peuvent se promener, ayant de l'air par les petites fenêtres F ; plus tard, on ouvre la porte de droite,

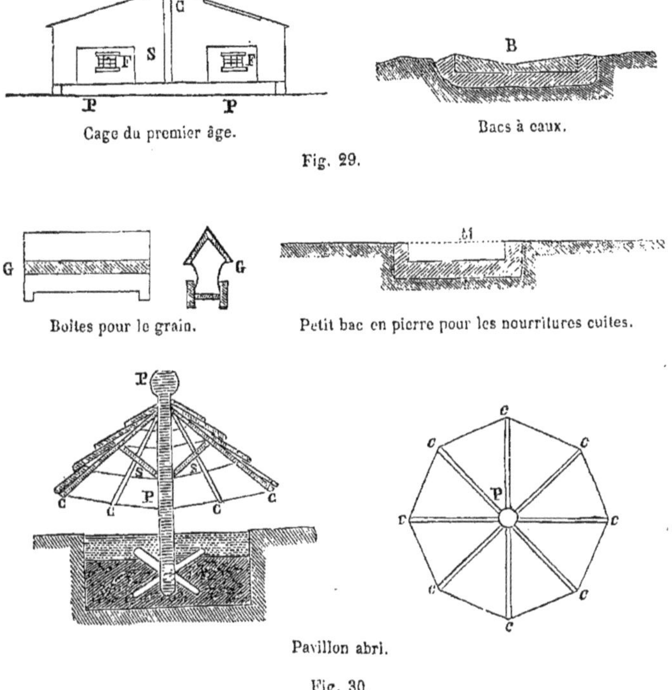

Cage du premier âge.

Bacs à eaux.

Fig. 29.

Boites pour le grain.

Petit bac en pierre pour les nourritures cuites.

Pavillon abri.

Fig. 30.

et les poulets sortent et rentrent. Plusieurs cages peuvent être mises dans le même parc, sans que les mères retenues dans les cages puissent se battre entre elles ou battre les petits d'une autre poule ;

2° Un bac B en pierre solide, creusé en plan incliné, pour que les petits poulets ne puissent se noyer, est destiné à recevoir de l'eau bien propre. Mais les petits poulets, en venant boire, répandaient de l'eau et grattaient sur le bord même du lac, qui se creusait. J'y ai remédié en l'entourant de béton, fait avec de la chaux hydraulique, que recouvre le gazon ;

3° G, une boîte à grain avec un recouvrement en forme de toit, qui préserve la nourriture de la pluie, et empêche les volailles de salir leur pitance ;

4° Un petit bac M en pierre solide, enfoncé en terre, pour le son mouillé et les nourritures cuites, qui pourriraient les boîtes G ;

5° P, un pavillon qui donne aux volailles un abri contre le soleil et la pluie, et leur assure toujours un endroit où elles puissent faire poudrette. On sait que c'est la toilette de la volaille, et que c'est avec la poussière qu'elle se met sur le corps et qu'elle secoue ensuite, qu'elle se débarrasse des petits insectes qui la gênent. Il est formé ainsi : un poteau P est enfoncé en terre, armé d'une croix à son pied. Il est solidement fixé par du béton, au fond d'un trou de 1 mètre de profondeur sur 2 mètres de diamètre. Tout le reste du trou, jusqu'à 25 centimètres de la surface, est rempli de pierrailles et d'escarbilles, puis recouvert de bon sable. Huit petits chevrons C, soutenus par des jambes de force S, forment huit pans qui sont recouverts par des planchettes posées l'une sur l'autre en étage. La plus basse de ces planches descend à 30 centimètres de terre. On comprend dès lors que le sable qui se trouve sous ces pavillons, et qui est asséché par son sous-sol d'escarbilles, soit toujours parfaitement sec, et c'est un plaisir d'y voir les volailles faire poudrette, et s'y grouper à la première goutte de pluie.

Ce joli petit établissement (1) me sert d'abord au printemps. Dans chaque compartiment, je mets un coq et six poules de même espèce, choisis parmi les plus beaux sujets. Ce sont leurs œufs que je fais couver pour conserver les races bien pures ; seulement, j'ai soin de ne les prendre que six semaines après la séparation, car les espèces sont mélangées dans la basse-cour, et l'influence du coq se fait sentir au moins six semaines. J'ai soin de leur couper une aile pour qu'elles n'aillent pas d'un compartiment à l'autre.

Quand la ponte est finie, commence l'élevage, pour lequel l'établissement devient tout spécial et commode. On a tous les petits sous la main, et on peut les séparer encore par espèce ou par âge. Plus tard, il m'est encore utile pour engraisser des poulets de grain, ou des canards, des oies et des dindons, espèces qu'on ne met guère en cage.

Lorsqu'on veut faire des volailles de choix, on les met dans des mues dont le fond est à claires-voies pour que les excréments tombent à terre. On place devant elles des bacs que l'on remplit de farine d'orge et de lait ; ou mieux encore, afin que les soins de propreté soient plus faciles, on place la nourriture devant chaque volaille, dans un vase de terre très-large du bas, pour qu'il soit solide ; de plus, trois fois par jour, on engave les volailles avec des boulettes d'orge ou de farine de maïs trempées dans du lait.

La grande difficulté de notre pays consiste à trouver des servantes sachant élever et surtout engraisser les volailles.

(1) Il a été très-remarqué à l'Exposition universelle ; mais, présidant la classe 74 dans laquelle il se trouvait, je n'ai pas concouru.

Ce type n'y existe plus. J'ai fait venir une femme de Bresse. Elle me fait de véritables poulardes de son pays, et, pour les blanchir, après qu'elles sont tuées, elle les emmaillote d'un linge cousu fort serré, et les fait tremper 10 à 12 heures dans du lait très-étendu d'eau.

Oies. Les oies réussissent bien à Havrincourt. J'ai importé la superbe espèce du Périgord.

Canards. Les canards réussissent assez bien, quoique je manque complétement d'eau courante. Je n'ai qu'une grande mare,

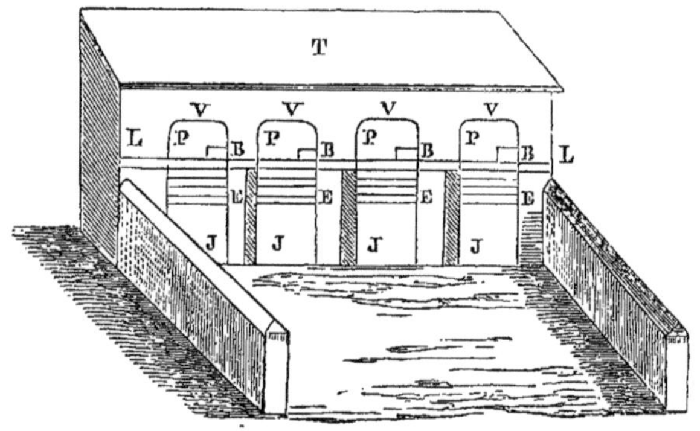

Fig. 31. — Niches à canards.

où je leur ai construit de petits abris, dans lesquels ils sont bien tranquilles : T est un toit en briques, qui recouvre des voûtes V, formant de petites niches fermées par des portes fixes P, ayant sur le côté une ouverture B. Ces niches sont placées au-dessus des plus hautes eaux. J est une jambe de force établie devant chaque niche, et terminée par des briques E retraitées l'une sur l'autre, et formant escalier. Lorsqu'il y a de l'eau, la jambe de force est cachée, et, suivant la hauteur de l'eau, il y a plus ou moins de petites marches à découvert, par lesquelles les grands et les petits canards arrivent à leur petite ouverture B, qui, étant de côté, laisse la couveuse cachée dans le reste de sa niche. L sont des planches qui permettent à un garçon de cour d'aller visiter les niches, et donner à manger aux petits. Souvent les œufs pourrissaient, parce que la canne rentrait mouillée sur le nid. J'y ai remédié en perçant un trou, sur lequel j'établis deux ou trois barreaux de fer qui supportent le nid. Alors le nid se trouve placé comme dans la nature, où il est sur une touffe d'herbes ou de saule, et l'aération venant d'en bas, le sèche.

COMPTABILITÉ.

Ma comptabilité agricole est tenue en partie double. Chaque soir, tous les employés viennent au bureau *à l'ordre* : l'économe, pour donner au régisseur le détail des travaux du jour, et convenir de ceux du lendemain; le garçon de cour, pour donner les comptes des distributions; la fille de basse-cour, pour celui de la laiterie et du poulailler; le vacher et les bergers, pour les saillies, les naissances ou les morts. C'est à *l'ordre* que je suis certain de trouver mon monde réuni, et que je donne mes instructions.

Tous ces détails sont inscrits sur les différents livres Livres spéciaux.

spéciaux qui servent à la comptabilité, et qui sont les suivants :

1° Le livre de caisse, contenant toutes les recettes et toutes les dépenses journalières en argent ;

2° Le journal, où sont inscrites à la suite les unes des autres toutes les opérations de toute nature ;

3° Le grand-livre, sur lequel on ouvre des comptes séparés à toutes les personnes avec lesquelles on fait des affaires, aux cultures, aux animaux et aux denrées dans leurs diverses transformations.

Livres auxiliaires.

1° Le livre de quinzaine, sur lequel on inscrit les noms des ouvriers et les heures de travail avec leur application à chaque compte, au moyen d'une lettre de convention correspondant au répertoire de tous les comptes ;

2° Le livre quotidien des attelages, sur lequel sont inscrits en détail les travaux faits chaque jour par les chevaux et les taureaux ;

3° Le livre mensuel des attelages, qui est le résumé du précédent : sur ce livre sont récapitulés en chiffres, par jour, et totalisés à la fin du mois, tous les travaux faits par les chevaux et les taureaux, avec l'affectation à chaque compte ;

4° Les feuilles de distributions, par jour et totalisées par mois ;

5° Le livre de magasin, où sont portées chaque jour les entrées et les sorties des grains, fourrages, paille, etc.;

6° Le livre de basse-cour, sur lequel sont inscrits chaque jour, et récapitulés tous les mois, les produits, la consommation et la vente du lait, du beurre, des volailles, des œufs, etc. ;

7° Le livre des bergeries, contenant les entrées et les sorties des animaux et de tous les produits, laines, etc., des deux troupeaux, séparément. On peut ainsi connaître immédiatement la situation du personnel des bergeries ;

8° Le livre de la vacherie, établi comme le précédent ;

9° Le livre de la porcherie, établi comme les deux ci-dessus ;

10° Le herd-book de la vacherie, où sont inscrites, depuis 1836, toutes les naissances des animaux, avec l'indication des pères et mères ;

11° L'historique des pièces de terre, où sont relatées les façons, les fumures, les emblavures et les récoltes ;

12° Le livre de la forge ;

13° Le livre de la charronnerie ;

14° Le livre des inventaires ;

15° La collection des feuilles annuelles d'assolement.

Cette nomenclature pourrait effrayer d'abord ceux qui n'ont pas l'habitude de la comptabilité. Mais au contraire, une classification bien entendue abrège le travail ; chaque soir *l'ordre* dure une demi-heure, et suffit pour toutes les inscriptions.

Répartition des engrais entre les cultures

Une des principales difficultés de toute comptabilité agricole est la répartition des engrais entre les comptes des diverses cultures. Pendant longtemps, et d'après les principes de Thaër, on avait attribué aux différentes récoltes des propriétés plus ou moins épuisantes, et on les avait en conséquence débitées, dans des proportions différentes, de la valeur des engrais dont elles avaient profité. Depuis, la science agricole a fait bien des progrès, et les assolements sont mieux compris. Il est reconnu que le fumier de ferme étant regardé comme l'engrais le plus complet, chaque récolte en absorbe une partie différente, qui est nécessaire à son organisme, qui se retrouve dans ses cendres et dans les gaz produits par la combustion. J'en ai conclu qu'à part les prairies artificielles fauchées vertes, qui tirent de l'atmosphère une grande partie de leur nourriture, et qui laissent beaucoup de détritus à la terre, toutes les récoltes poussées jusqu'à leur maturité peuvent être regardées comme également épuisantes.

Je me suis donc déterminé à répartir également entre elles la valeur de mes fumiers, sauf pour les trèfles et les fourrages verts.

Ainsi, dans la première partie de mon assolement, laquelle est de quatre années, je répartis mon engrais ainsi :

Première année. — Racines : un tiers du fumier.

Deuxième année. — Avoine ou céréales de mars : un tiers du fumier.

Troisième année. — Trèfle : un sixième du fumier.

Quatrième année. — Blé : ce qui reste du fumier.

Ces appréciations sont conformes à l'expérience des faits, car les trois premières récoltes sont superbes ; le blé vient encore, mais médiocre, si je ne lui ajoute pas un supplément d'engrais. J'ai donc été conduit à lui donner toujours un parcage ou un engrais artificiel, dont je le débite en entier. La théorie a donc été le résultat des faits constatés.

Dans la seconde partie de mon assolement, laquelle est de trois ans, sans prairies artificielles fauchées vertes, je répartis la valeur de mon fumier par tiers entre les trois récoltes, le blé de cette période ne recevant pas d'engrais accessoire, car il n'a plus été précédé d'une céréale.

Nombre de têtes de bétail par hectare.

Le nombre de têtes de bétail entretenues sur mon exploitation, au 31 décembre 1866, et évaluées d'après la base de 400 kilos de poids vif pour une tête, se compose de la manière suivante :

Race chevaline.

		Nombre de têtes.	
31	Chevaux, évalués	31	36
4	Poulains de deux ans, évalués	4	
3	Poulains de un an, évalués	1	
38 bêtes.			

Race bovine.

8	Taureaux et bœufs du poids moyen de 600 kil. l'un, total 4,800 kil., soit	12	55
16	Vaches du poids moyen de 500 kil., total 8,000k, soit	20	
15	Jeunes bœufs du poids moyen de 300 kil., total 4,500 kil., soit	11	
14	Génisses du poids moyen de 250 kil., total 3,500 kil., soit	9	
12	Veaux de huit mois et au-dessous du poids moyen de 100 kil., total 1,200 kil., soit	3	
65 bêtes.			

Race ovine.

457	Béliers, brebis et antenais du poids moyen de 50 kil., total 28,850 kil., soit	57	65
168	Agneaux de six à sept mois, du poids moyen de 20 kil., total 3,360 kil., soit	8	
625 bêtes.			

A reporter 156

Nombre de têtes.

Report.................... 156

Race porcine.

1 Verrat.		
6 Truies avec porcelets.		
3 Porcs gras.		3
Du poids moyen de 120 kil., total 1,200 kil., soit.	3	
10 bêtes.		

TOTAL.................... 159

159 têtes de bétail qui, pour 140 hectares, font une tête et un dixième par hectare.

Situation pécuniaire de l'entreprise. Voici la situation pécuniaire de ma culture au 30 juin 1866, époque de mon dernier inventaire. Cette époque est chaque année celle de mes inventaires : elle m'a paru la plus convenable, parce que c'est celle de l'année où il y a le moins de mélanges dans les magasins entre les deux exercices, les denrées de l'exercice écoulé étant presque toutes réalisées, et celles de l'exercice suivant étant encore sur pied.

INVENTAIRE *de la ferme de M. le Marquis d'Havrincourt au 30 juin 1866.* Inventaire.

Actif.

Cultures diverses, denrées en meules, greniers, etc.

Blé en magasin	480f »	
Seigle —	187 90	
Escourgeon en magasin	366 »	
Avoine —	1,399 40	
Paille —	433 50	
Foin naturel —	2,459 75	
Foin artificiel —	4,620 35	12,133f 20
Tourteaux —	88 55	
Son —	65 20	
Mouture —	66 »	
Graines de betteraves en magasin	528 50	
Pulpe en magasin	1,386 90	
Pommes de terre en magasin	51 15	

Chevaux, attelages.

1er Attelage, évalué	2,400f »	
2e — —	2,500 »	
3e — —	1,900 »	
4e — —	1,300 »	
5e — —	1,200 »	27,712f »
Petites écuries, 3 chevaux, estimés	1,000 »	
12 Poulains, estimés	4,050 »	
Matériel spécial, évalué	13,362 »	
Bœufs de trait, 6 bœufs estimés	2,075f »	3,452f »
Matériel spécial	1,377 »	
A reporter		43,297f 20

Report....................		43,297f 20

Vacherie.

6 taureaux, 19 vaches, 9 jeunes bœufs, 12 génisses, 8 veaux : total 54 bêtes, estimées..........................	8,195f »	9,057f 60
Matériel spécial de la vacherie..........	862 60	

Bergerie n° 1.

383 Moutons divers, estimés	11,105f »	12,014f 50
Mobilier spécial.......................	909 50	

Bergerie n° 2.

346 moutons divers, estimés............	8,655f »	9,421f »
Mobilier spécial.	766 »	

Porcherie.

12 Porcs divers, estimés..............	1,200f »	1,365f »
Mobilier spécial......................	165 »	

Basse-cour.

Le personnel, estimé	700f 50	1,204f 50
Mobilier de la basse-cour	504 »	

Forge.

Fers en magasin, outils divers, etc.................	1,212f »

Mobilier général de la ferme.

La machine à battre, la machine à vapeur, etc.......	6,008f 70

Ménage de la ferme.

Le mobilier, évalué............................	328f 40
A reporter..................	83,908f 90

Report....................		83,908f 90

Emblavures ou avances au sol.

Prairies naturelles (1866)...............	1,044f 50	
Betteraves (1866).....................	24,406 15	
Blé (1866)............................	9,134 85	
Prairies artificielles (1866).............	2,441 65	
Hivernage (1866)......................	3,768 75	
Seigle (1866).........................	932 35	
Escourgeon (1866).....................	1,989 25	
Fourrages verts (1866)..................	2,258 60	68,794f 35
Watteries (1866)......................	2,466 40	
Betteraves porte-graines (1866).........	230 80	
Pommes de terre (1866)...............	1,985 65	
Féveroles (1866)......................	2,488 40	
Carottes (1866).......................	443 60	
Avoine (1866).........................	15,115 85	
Prairies artificielles (1867).............	87 55	

Débiteurs par compte.

Sacleux..............................	12f »	
Fumier à répartir......................	5,349 85	21,777f 03
Fabrique de sucre.....................	16,415 18	

Caisse.

Argent en caisse..............................		779f 50
Montant de l'actif...............		175,259f 78

Passif.

Créditeurs par compte.

Caisse générale.......................	17,136f 94	
Débiteurs et créditeurs divers...........	2,196 50	175,259f 78
Capital...............................	155,926 34	
Montant du passif...............		175,259f 78

RELEVÉ *des comptes du faire-valoir qui présentent des bénéfices ou des pertes.*

1865-1866.

Bénéfices.

Foin naturel en magasin..	114f 30
Graine de betterave en magasin...............	226 10
Bergerie nº 2...........	714 35
Bergerie nº 1...........	942 85
Son en magasin.........	1 85
Forge..................	724 10
Porcherie..............	416 70
Bêtes à l'engrais........	563 17
Blé en magasin.........	205 10
Chevaux...............	4,075 70
Bœufs de trait..........	1,711 »
Seigle en magasin.......	26 50
Avoine en meules.......	2,772 15
Blé en meules	1,402 59
Charronnerie...........	319 20
Escourgeon en meules....	408 80
Seigle en meules........	175 50
Mouture en magasin.....	103 40
Prairies artificielles (1865).	5,125 50
Betteraves (1865)........	1,920 80
Pommes de terre (1865)..	585 10
Pertes et profits (crédits).	5 10
Betteraves porte-graines (1865)...............	980 40
TOTAL des bénéfices.	23,520 24

Pertes.

Foin artificiel en magasin.	118f 45
Mobilier...............	42 40
Féveroles en meules (grêlées et non assurées)................	1,008 40
Vacherie (1)...........	491 »
Paille en magasin.......	261 85
Basse-cour............	64 45
Watteries en meules (grêlées et non assurées)................	1,401 95
Hivernage en meules (grêlé et non assuré)........	916 60
Pommes de terre en magasin................	199 60
Prairies naturelles (1865).	2,397 60
Carottes (1865).........	153 05
Pertes et profits (débit)..	420 85
TOTAL des pertes....	7,476 20

(1) La vacherie est en perte, parce qu'on ne lui a pas compté à un prix assez élevé les jeunes bœufs lorsqu'ils passent au trait ou à l'engrais.

RÉSULTATS DE L'INVENTAIRE.

Le total des comptes présentant des bénéfices s'élevant à	23,520 fr.	24
Le total des comptes présentant des pertes s'élevant à	7,476	20
L'exercice 1865-1866 présente un bénéfice de	16,044	04

Nota. — Les frais généraux comprenant le fermage, qui s'élève à 11,501 fr. 17, et les intérêts d'un an à 5 % du capital, 155,926 fr. 34, qui s'élèvent à 7,796 fr. 30, ont été prélevés et répartis entre les diverses cultures et par hectare.

Ces frais généraux s'élèvent, en 1866, à 25,402 fr. 90, soit à 178 fr. 91 par hectare.

Le capital s'élevant à 155,926 fr. 34 pour 140 hectares 80 ares 92 centiares, il en résulte que, pour l'année 1866, le capital d'exploitation est de 1,107 fr. 35 par hectare.

SUCCÈS DE L'ENTREPRISE.

Les succès de mon entreprise ont toujours été en progressant, et me donnent aujourd'hui des résultats d'autant plus satisfaisants qu'ils ont été, comme je l'ai déjà dit, retardés par les annexions successives de terres qui se trouvaient en mauvais état. Voici, en effet, les réunions que j'ai faites depuis 1857, époque où j'avais 100 hectares 41 ares 90 centiares seulement.

Années.	Hect.	Ares.	Cent.
1858......................	15	94	84
1859......................	5	45	52
1860......................	2	05	27
1861......................	»	»	»
1862......................	5	48	19
1863......................	4	17	28
1864......................	3	07	98
1865......................	»	»	»
1866......................	4	19	94
TOTAL..........	40	39	02

Rendements comparatifs. Voici des rendements comparatifs qui prouvent ces résultats jusqu'à l'évidence.

Je vais comparer mes rendements de céréales aux rendements officiels donnés pour le canton de Bertincourt, où j'habite, par la commission de statistique cantonale, depuis 1861 ; mais seulement, je ferai remarquer que cette comparaison est tout à mon désavantage, pour trois motifs :

Le premier, c'est que, d'après la classification du cadastre, il y a dans notre canton beaucoup plus de la moitié des terres labourables, en première et deuxième classe. Voici, en effet, comment sont classées les terres labourables du territoire d'Havrincourt, qui est un des moins riches du canton, et où les terres se louent le moins cher :

1re classe...........	212 hect.	3 ares	80 cent.
2e classe...........	319	24	20
3e classe...........	210	19	»
4e classe...........	102	16	86
5e classe..........	15	77	64
Total.......	859 hect.	41 ares	50 cent.

C'est-à-dire que leur moyenne est un peu au-dessous de la deuxième classe.

Tandis que les terres de ma culture étant classées ainsi dans le même cadastre :

1re classe............	3 hect.	72 ares	41 cent.
2e classe............	12	56	43
3e classe............	68	79	59
4e classe............	21	92	32
5e classe............	17	79	67 (1)
Total égal.......	140 hect.	80 ares	91 cent.

leur moyenne est un peu au-dessous de la troisième classe ; tout une classe d'infériorité, c'est énorme.

Le second, c'est qu'à cause de la position de mes terres près des bois, je suis obligé, comme je l'ai déjà dit, de remplacer une partie des blés d'hiver par des blés de mars, qui rendent beaucoup moins.

Voici, en effet, dans quelle proportion j'ai semé ces céréales :

(1) J'ai plus de terres de cinquième classe qu'il n'y en a sur tout le territoire d'Havrincourt, parce que je cultive sur le territoire de Flesquières une pièce de six hectares tout entière de cinquième classe.

	Blé d'hiver.		Blé de mars.	
1861......	9 hect.	77 ares.	6 hect.	77 ares.
1862......	18	90	2	12
1863......	18	60	4	62
1864......	9	03	11	32 (1)
1865......	14	76	3	76
1866......	15	85	4	38

Le troisième, qui est considérable aussi, c'est que les rendements donnés en novembre par les commissions de statistique ne peuvent être qu'approximatifs, puisque tous les blés sont loin d'être battus, et qu'en général ils sont supérieurs à la réalité. Ils ne constatent, en effet, que la moyenne des rendements des blés ordinaires, sans tenir compte d'un élément important, les blés manqués. Tandis que mes rendements, pris exactement, d'après mes livres, sur la totalité de ma récolte battue, comprennent toutes les pertes qui, je le répète, sont considérables le long des bois.

Malgré ces causes si sérieuses d'infériorité, j'accepte la comparaison des rendements, et la voici : j'ajoute au rendement *en grains* des avoines le rendement *en paille,* pour montrer que si mes avoines blanches ne donnent pas autant *de grain* qu'en donneraient les avoines noires, elles donnent des rendements superbes *en paille.*

(1) A la place de blés d'hiver manqués ou dévorés par le gibier.

ANNÉES.	RENDEMENTS MOYENS DU CANTON DE BERTINCOURT d'après la statistique.			RENDEMENTS MOYENS DE LA FERME DE M. D'HAVRINCOURT d'après ses livres.		
	BLÉ. — Grain.	AVOINE. Grain.	AVOINE. Paille.	BLÉ. — Grain.	AVOINE. Grain.	AVOINE. Paille.
	hect. lit.	hect. lit.	quintaux.	hect. lit.	hect. lit.	quintaux.
1861	13 16	45 24	31 »	17 84	45 82	29 87
1862	21 58	47 80	32 45	22 46	46 10	42 52
1863	(1)			35 18	50 37	39 90
1864	22 37	50 36	33 90	31 98	58 46	48 15
1865	22 19	39 23	26 69	27 20(2)	28 74(3)	35 95
1866	20 70	48 34	29 73	24 75	56 »	37 35

Pour mes betteraves, je puis trouver un point de comparaison bien rapproché et bien exact dans la comptabilité de ma sucrerie :

ANNÉES.	NOMBRE D'HECTARES engagés par les cultivateurs	POIDS DES BETTERAVES livrées par les cultivateurs.	RENDEMENT à l'hectare obtenu par les cultivateurs.	RENDEMENT à l'hectare de la culture de M. d'Havrincourt.
		kil.	kil.	kil.
1861	142	4,877,035	34,345	34,059
1862	165	6,270,410	38,000	48,673
1863	194	4,371,470	22,533	23,758
1864	200	3,694,670	18,251	21,573
1865	169	6,802,525	40,251	43,730
1866	165	5,261,987	31,890	34,466

Ainsi, avec des terres d'une qualité moyenne, inférieure à la troisième classe, j'ai obtenu des rendements qui tous

(1) Il n'y a pas eu de statistique.
(2) Grêlé. — Reçu de la Cie *la Ruche* 2,344 fr. 35 d'indemnité.
(3) Grêlé. — Reçu de la Cie *la Ruche* 5,655 fr. d'indemnité.

sont supérieurs aux rendements de ma commune et de mon canton, dont la moyenne des terres est supérieure d'une classe aux miennes. Je crois ce résultat remarquable et décisif, surtout quand je ne produis pas les résultats d'une année exceptionnellement soignée, mais ceux de mes six derniers exercices.

RÉSUMÉ.

J'ai terminé l'historique des travaux de trente-quatre années de ma vie. Dans l'administration de ma fortune, comme dans celle de ma commune dont je suis maire depuis trente ans, mon but constant a été de remplacer le chaos que j'ai trouvé, par un ordre et une régularité qui, de mes propres affaires, sont entrés dans les habitudes des familles ayant des rapports avec moi pour les bois ou les terres. J'ai fait tous mes efforts pour améliorer le sort de mes employés, pour les intéresser à bien faire par des partages dans mes bénéfices, et pour leur donner le goût de l'économie.

Il me semble que j'ai réussi, puisque, dans ma dernière distribution de livrets de caisse d'épargnes, j'ai trouvé dans ma maison quarante-huit ouvriers ayant plus de dix années de services consécutifs chez moi.

J'ai créé une sucrerie, parce que j'y ai vu le moyen de faciliter tous les progrès agricoles, et de fixer les ouvriers dans nos campagnes. J'ai cherché à régulariser mes bénéfices, comme ceux des cultivateurs avec lesquels je traite, afin d'éviter ces énormes écarts entre les bénéfices et les pertes, ces oscillations annuelles qui causent des cataclismes si fréquents dans les industries, même lorsque le résultat total de leurs opérations se solderait en bénéfices. La communication des inventaires de ma sucrerie à la commission la mettra à même de juger si j'ai réussi.

Dans ma culture, j'ai pris la tâche difficile d'améliorer toutes les plus mauvaises terres de mon domaine, qui sont encore plus ingrates par leur position que par leur qualité inférieure. J'y suis cependant parvenu, puisque mes rendements sont supérieurs à ceux de ma commune et de mon canton, bien qu'il y ait une classe tout entière de différence entre la moyenne de mes terres et celle des terres du canton, et puisque j'obtiens de notables bénéfices.

Je me suis attaché à ne négliger aucun détail dans mes constructions agricoles de toute nature. J'ai évité partout le luxe, mais j'ai recherché la solidité, la propreté et la simplification des services.

Je me suis créé une comptabilité sévère, qui me permet de voir clair dans tous les détails des différentes parties de mes entreprises, et elle m'a poussé à des modifications qui ont ramené les bénéfices là où il y avait des pertes.

Dans ma spéculation d'animaux, j'ai pris l'élevage pour base, et je me suis créé de belles et bonnes races d'animaux qui ont obtenu dans les concours de nombreux prix.

Voici, en effet, les médailles que mon exploitation a obtenues :

	Grandes médailles d'or.	MÉDAILLES			Mentions honorables.
		d'or.	d'argent.	de bronze.	
Congrès des agriculteurs du nord de la France, 1850, 1851, 1852.........	»	»	3	»	»
Société centrale d'agriculture du Pas-de-Calais, 1850, 1854, 1855, 1858..	1	2	»	1	»
Concours départemental du Pas-de-Calais.........................	»	1	»	»	»
Expositions universelles de 1855 et 1856.........................	»	»	»	2	»
Concours de Poissy de 1861 et 1863..	»	»	1	»	1
Concours régionaux à Saint-Quentin, à Amiens, à Beauvais et à Arras, en 1855, 1859, 1860, 1861, 1862 et 1866.	1	8	9	8	»
TOTAUX............	2	11	13	11	1

Enfin, en 1862, à la suite du concours régional d'Arras, dans lequel j'avais obtenu une grande médaille d'or, quatre médailles d'or, deux médailles d'argent et deux médailles de bronze, j'ai été nommé officier de la Légion-d'Honneur, comme agriculteur.

Havrincourt, 15 février 1867.

Mis D'HAVRINCOURT.

TABLE DES MATIÈRES.

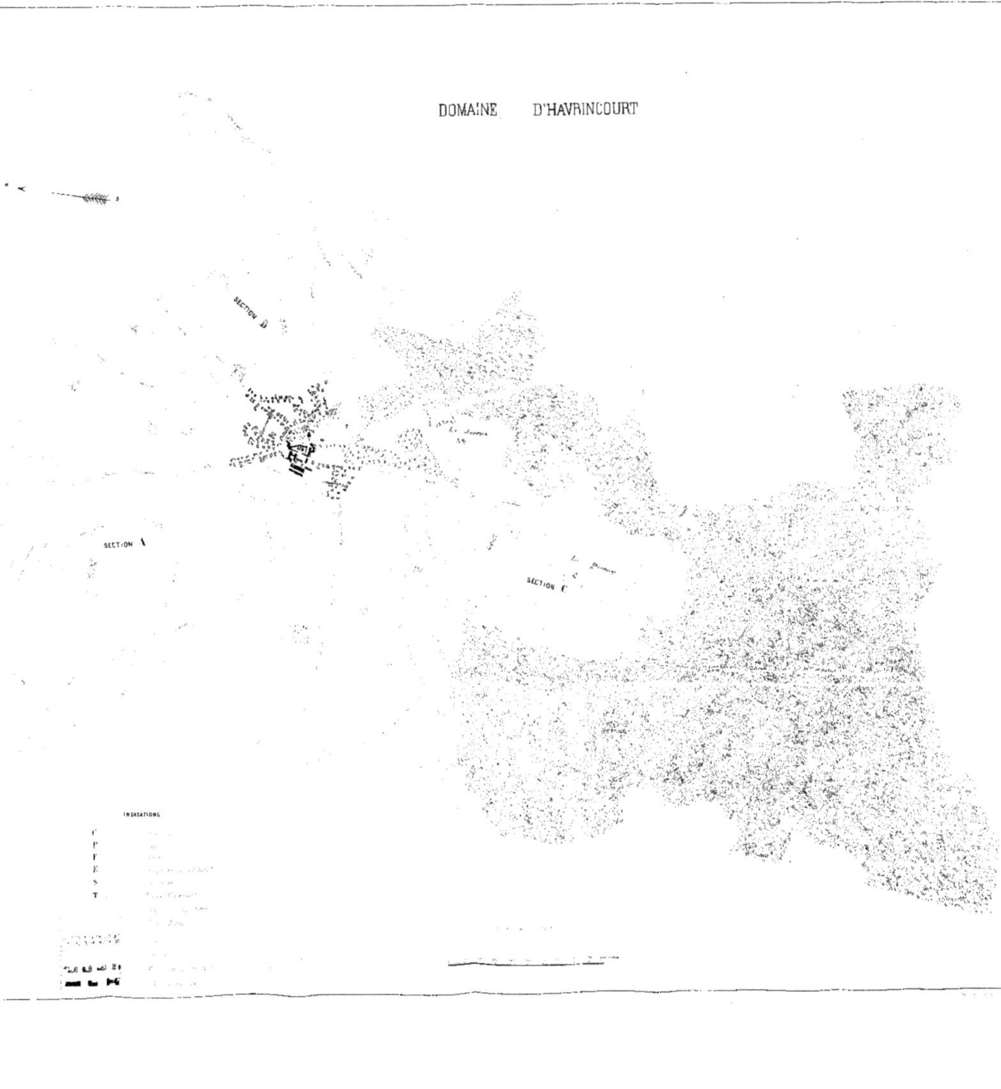
DOMAINE D'HAVRINCOURT
SECTION B
SECTION A
SECTION C
INDICATIONS

DOMAINE D'HAVRINCOURT

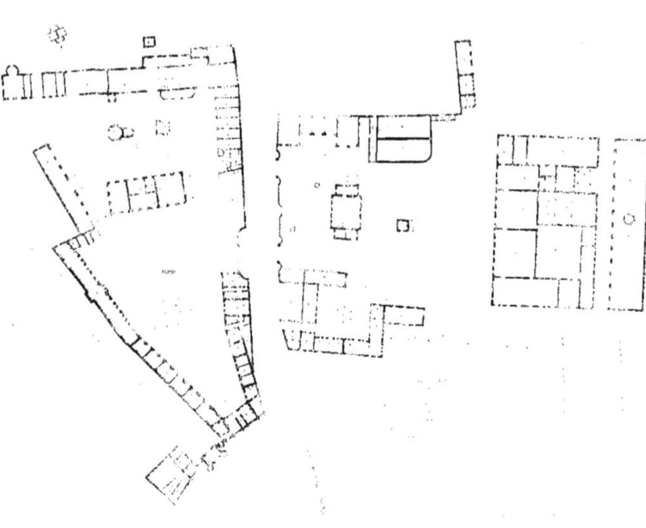

ORLÉANS, IMPRIMERIE DE GEORGES JACOB, CLOITRE SAINT-ÉTIENNE, 4.

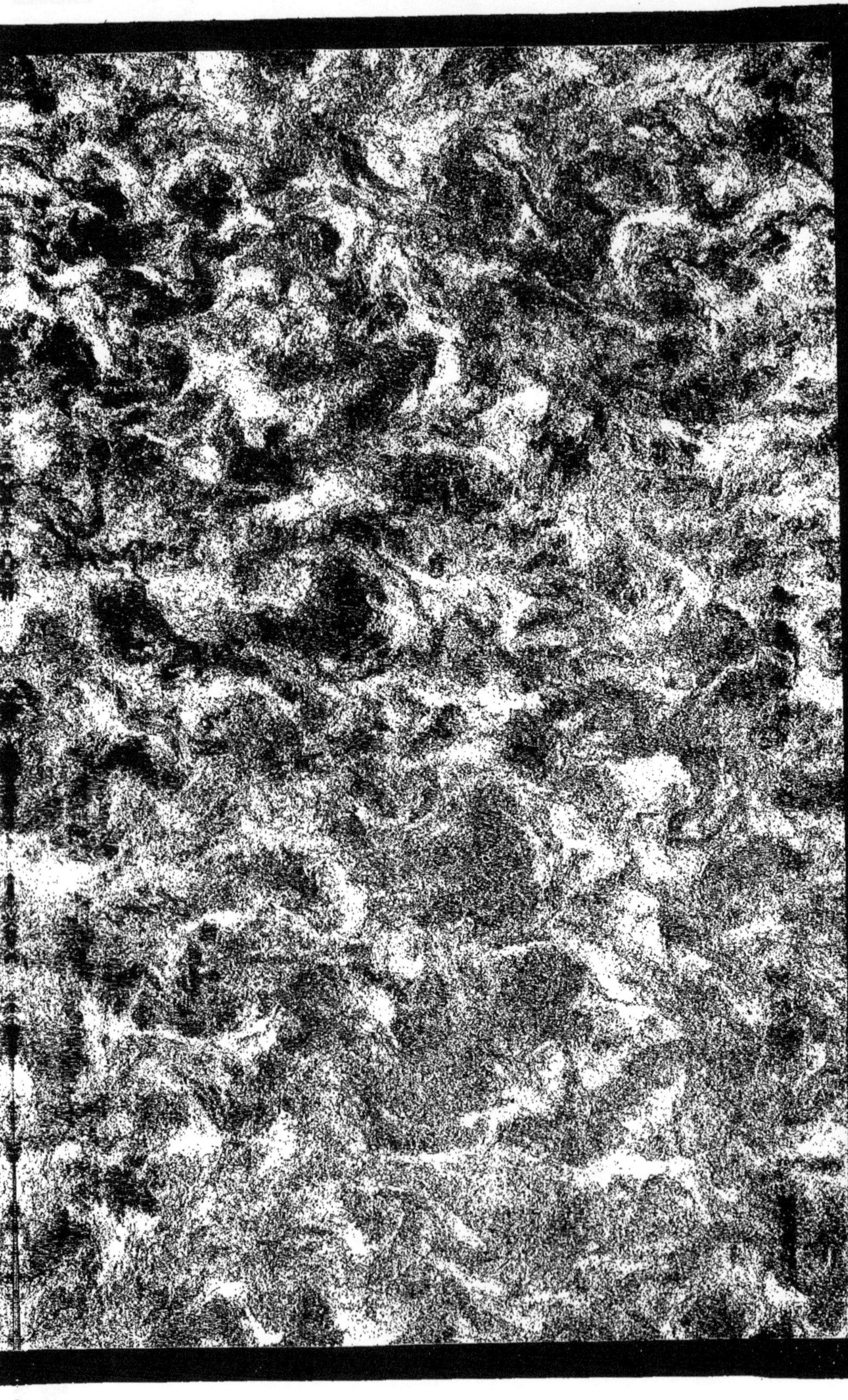

www.ingramcontent.com/pod-product-compliance
Ingram Content Group UK Ltd.
Pitfield, Milton Keynes, MK11 3LW, UK
UKHW021925230726
13925UKWH00007B/530